LE

MUSEUM

D'HISTOIRE NATURELLE

PARIS

SOCIÉTÉ ANONYME DES IMPRIMERIES RÉUNIES

BOURLOTON

HOTEL MIGNON, RUE MIGNON, 2

1884

LE MUSEUM D'HISTOIRE NATURELLE

I

Le Museum d'histoire naturelle est l'établissement scientifique le plus populaire de France.

A certains jours, il est visité par plus de 30 000 personnes qui viennent s'instruire ou se distraire dans nos galeries, nos jardins, nos serres et notre ménagerie : on peut le considérer comme le Louvre des sciences naturelles.

Au point de vue de la science pure, notre Museum occupe une place dont l'importance ne peut pas être contestée. Ses collections d'histoire naturelle sont les plus riches du monde, elles représentent une valeur énorme : presque tous les savants naturalistes français se sont formés dans nos galeries et dans nos laboratoires ; plusieurs sciences nouvelles, telles que l'*anatomie comparée* et la *paléontologie*, sont nées au Museum.

Les botanistes déclarent qu'il n'existe pas d'École plus complète que la nôtre ; on y cultive plus de 7000 espèces ; 16 000 plantes environ sont élevées dans nos serres. Nos herbiers, si souvent consultés par les savants français et étrangers, sont d'un intérêt incomparable. Nous faisons chaque année des dons importants de graines, d'arbres et d'arbustes tant en France qu'à l'étranger ; les cultures du Museum ont rendu les plus grands services au Pays : le caféier, qui a fait la fortune de nos colonies des Antilles, est sorti du Museum ; c'est du Museum que l'Algérie, que nos établissements d'outre mer et que nos provinces du Midi ont reçu des plantes utiles ou d'agrément telles que le mûrier des Philippines, le sophora du Japon, le févier de la Chine, le noyer noir, le paulownia, l'ailante, etc. ; c'est encore le Museum qui a procuré à l'industrie des fleurs nouvelles qui font l'objet d'un commerce important, telles que le dahlia, les chrysanthèmes de la Chine et de l'Inde, le gobæa, la sauge, etc.

La ménagerie du Museum est la première collection d'animaux vivants qui ait été formée en Europe ; elle offre pour les naturalistes un grand intérêt.

En effet, la ménagerie est le complément indispensable des galeries,

de l'amphitéâtre et des laboratoires. L'affluence du public prouve l'intérêt qu'il prend à cette partie du jardin.

Chaque année le Professeur y fait une série de conférences sur les espèces les plus intéressantes, aussi bien sous le rapport scientifique que sous le rapport économique; et ces leçons sont toujours suivies par un très grand nombre d'auditeurs, qui ne se contentent pas d'étudier les animaux empaillés ou leurs squelettes, mais qui veulent connaître l'animal vivant dans ses mœurs, ses instincts, qui veulent saisir les manifestations de son intelligence et les conditions de son existence.

Des expériences sur l'hybridation, instituées depuis plusieurs années, ont déjà donné des résultats importants sur la reproduction croisée des diverses espèces du genre Cheval, Bœuf et Cerf, ainsi que sur celle de plusieurs rongeurs.

Enfin des observations conduites avec méthode permettent de se rendre compte du degré de résistance que les mammifères et les oiseaux exotiques peuvent présenter à l'humidité et au froid de nos hivers.

Les professeurs embrassent dans leur enseignement toutes les connaissances qui se rattachent à l'histoire naturelle, telles que la physique du globe, la chimie, la minéralogie, la géologie, la botanique, la culture, la physique végétale, l'anatomie comparée, la physiologie, l'anthropologie, la mammalogie et l'ornithologie, l'herpétologie et l'ichthyologie, la malacologie, l'entomologie, la paléontologie.

Mais le rôle du professeur du Museum n'est pas limité à l'enseignement; le professeur donne aussi tous ses soins à la conservation des collections et à leur accroissement.

Par ses travaux, par ses relations personnelles avec les savants français et étrangers, il augmente constamment les richesses du Museum. C'est ainsi que le célèbre de Humboldt, adressant à un de nos collègues des objets précieux pour nos galeries, disait : « *Je suis heureux, en vous envoyant des objets intéressants, de vous exprimer les sentiments de reconnaissance qui m'animent pour la grandiose institution du Museum.* »

Comme les services que cette grandiose institution du Museum rend aux sciences naturelles tiennent en grande partie à son organisation, nous croyons utile de la rappeler ici.

L'organisation actuelle du Museum date de la Convention.

Le décret de constitution de cet établissement a été rendu sur le rapport de Lakanal, président du Comité de l'instruction publique. L'article principal de ce décret établit que la place d'*intendant du Museum* est supprimée et que les professeurs prenant le titre de *professeurs adminis-trateurs,* et réunis en conseil d'administration, nommeront au scrutin un directeur choisi parmi eux. Toutes les questions qui concernent le Museum d'histoire naturelle seront examinées et discutées par les professeurs. Lorsqu'une place de professeur sera vacante, les autres professeurs nommeront le savant qu'ils jugeront le plus propre à la remplir.

Le directeur présidera l'assemblée des professeurs et sera chargé de faire exécuter les décisions de cette assemblée.

Tel est le principe de l'organisation du Museum qui, depuis 1793, a été respectée par tous les pouvoirs.

C'est elle cependant qui a été attaquée plusieurs fois sous le Consulat et sous le second Empire.

On a essayé souvent de détruire cette institution toute républicaine et de confier la direction générale du Museum à un *surintendant.*

En 1800, le ministre de l'intérieur, voulut placer au Museum un *directeur général* nommé par le ministre, qui serait seul chargé de l'administration de l'établissement et de la correspondance avec le gouvernement.

Sous le second Empire, il fut aussi question de confier la direction du Museum à un intendant.

Toutes ces tentatives de restauration directoriale en faveur d'un intendant, grandement rétribué, ont échoué à la suite de l'opposition énergique des amis de la science et de celle des professeurs du Museum.

Cette lutte victorieuse contre ceux qui voulaient revenir au régime des intendants a sauvé le Museum, et tous les savants liront avec un sentiment de profonde reconnaissance les écrits si remarquables que notre illustre doyen, M. Chevreul, a publiés pour la défense du Museum et auxquels nous faisons ici de nombreux emprunts (1).

C'est le mode d'administration du Museum, par les professeurs, qui était surtout critiqué.

On soutenait que l'administration du Museum, confiée à l'assemblée des professeurs par le décret de la Convention, pourrait être remplacée utilement par celle d'un intendant ou d'un directeur général.

Il est facile de démontrer que c'est à l'organisation actuelle du Museum

---

(1) Nous sommes heureux de rappeler que le général Favè, membre de l'Institut, a défendu également le Museum avec la plus grande énergie.

qu'est due la splendeur scientifique de notre Musée, et que la nomination d'un directeur général causerait infailliblement sa perte.

Telle était, du reste, l'opinion de nos éminents prédécesseurs.

La place de directeur général fut proposée à Fourcroy, à Lacépède, à Antoine-Laurent de Jussieu et à Cuvier. Ces illustres savants n'hésitèrent pas à la refuser en démontrant au ministre que le mode actuel d'organisation du Museum était le meilleur de tous.

Les partisans de la centralisation pensaient qu'en matière d'administration la bonne gestion et la responsabilité n'existent qu'où se trouve *un chef unique*. Cela peut être vrai pour la conservation et l'administration d'établissements tels que les bibliothèques et les musées, qui se composent d'objets bien définis qu'il s'agit de conserver ; mais ces principes ne peuvent pas s'appliquer au Museum qui est toujours en progrès et qui embrasse toutes les branches de l'histoire naturelle. Les professeurs se partagent cet immense domaine qu'ils enrichissent par leurs travaux ; les uns en créant, en augmentant et en conservant des collections précieuses ; les autres en étudiant dans leurs laboratoires les questions scientifiques qui sont encore obscures et en formant à leur école une pépinière féconde de savants qui sont nos *aides-naturalistes* et qui deviendront nos successeurs.

Chaque professeur du Museum est donc le véritable directeur, l'administrateur et le conservateur des collections qu'il connaît mieux que personne, car souvent il les a créées.

Toutes les questions qui se présentent à l'assemblée des professeurs se rapportent aux sciences naturelles ; on comprend donc qu'elles ne peuvent être convenablement étudiées que par une réunion de savants dont la compétence ne peut pas être contestée.

En confiant aux professeurs du Museum l'administration de l'établissement, on trouve encore un avantage qui nous paraît considérable.

Chaque professeur qui administre son domaine scientifique, et qui en est responsable, est toujours animé d'un amour-propre bien louable : il veut constamment augmenter ses richesses : il donne au Museum les collections particulières qu'il a faites ; il se met en relation avec tous les savants étrangers, il entreprend des excursions souvent périlleuses pour enrichir sa galerie.

Tous les naturalistes admettent que la valeur de nos collections du Museum dépasse aujourd'hui cent millions.

Eh bien ! qu'on additionne les sommes dérisoires qui sont consacrées à nos acquisitions, et l'on reconnaîtra immédiatement ce qui revient au rôle personnel que jouent les professeurs du Museum dans cette création de richesse scientifique.

Nous venons d'avoir, cette année, une nouvelle démonstration éclatante de l'influence que le zèle des professeurs du Museum exerce sur l'augmentation des richesses scientifiques de notre Musée national.

Une commission, présidée par M. A. Milne-Edwards, et dans laquelle se trouvaient trois professeurs du Museum et un aide-naturaliste, MM. E. Perrier, L. Vaillant, Fischer, s'est embarquée sur le *Talisman;* elle est restée pendant trois mois sur l'océan Atlantique et a rapporté une collection admirable des animaux qui peuplent les grandes profondeurs de la mer.

C'est donc une lacune considérable que présentaient nos collections d'histoire naturelle, qui vient d'être comblée, grâce au dévouement des savants attachés au Museum. MM. de Folin, Filhol, Ch. Brongniart et Poirault faisaient partie de cette commission.

A côté de tous ces avantages qu'offre l'administration du Museum par les professeurs, il est facile de faire ressortir les inconvénients que présenterait la direction générale de l'établissement donnée à un intendant.

Il est d'abord évident que l'intendant, ne pouvant pas décider toutes les questions qui se traitent dans l'assemblée des professeurs, pourrait subir des influences extérieures préjudiciables à la science.

Des recommandations puissantes ou des considérations politiques, agissant sur lui, ne tarderaient pas à introduire dans notre Museum des hommes sans valeur ; en outre, l'autorité d'un directeur général venant ôter aux professeurs toute influence, paralyserait leur zèle scientifique et amènerait en peu de temps la décadence du Museum.

Pour combattre notre organisation républicaine et exciter contre nous les partisans du système de centralisation administrative, on a dirigé contre le Museum les accusations les plus injustes : notre établissement, disait-on, échappait à toutes les règles de direction régulière : notre budget restait en dehors de toute comptabilité précise, et il était impossible d'en surveiller l'emploi ; notre comptabilité était irrégulière ; nos collections restaient stationnaires ; les produits les plus dignes d'intérêt n'étaient pas catalogués

Nous allons démontrer que ces critiques sont injustes et que l'administration du Museum, qui n'impose à l'État que des charges bien faibles, puisque *les fonctions de directeur et celles d'administrateur sont absolument gratuites,* présente une régularité qui n'existe pas toujours ailleurs.

CONTRÔLE MINISTÉRIEL

On avait dit que le contrôle ministériel n'existait pas.

Le ministre nomme à tous les emplois du Museum portés sur les états, d'après la présentation faite par l'assemblée des professeurs-administrateurs, depuis l'aide-naturaliste jusqu'au garçon de laboratoire et au portier.

Le ministre reçoit une copie du procès-verbal de chaque séance après qu'il a été adopté par l'assemblée.

Il est instruit de toutes les décisions prises ; il lui serait donc possible de faire connaître à l'assemblée, du jour au lendemain, tout ce qu'il jugerait blâmable et contraire aux règlements ou à l'ordre.

L'assemblée ne fait aucun échange d'objets des collections un peu considérable, aucune acquisition importante, sans en faire l'objet d'une communication directe au ministre afin d'obtenir une autorisation d'exécution.

La réserve faisant partie de l'état de répartition des crédits pour chaque budget lui est soumise, et il est toujours instruit par le procès-verbal, de l'usage qu'on en fait ou, s'il s'agit d'une acquisition de quelque importance, par l'autorisation spéciale qu'on lui demande.

D'un autre côté, le directeur, toujours aux ordres du ministre, peut lui donner à tous les moments les éclaircissements, les renseignements, provoqués par des incidents quelconques, qu'il veut avoir sur les affaires du Museum ; nous demandons quels sont alors les abus qui seraient compatibles avec ce mode d'administration et quels sont ceux que l'on pourrait soustraire à la connaissance du ministre ?

Achevons d'exprimer toute notre pensée. Les professeurs-administrateurs, loin de redouter l'intervention du ministre dans les affaires de leur administration, sont les premiers à la désirer, avec la conviction qu'ils n'ont qu'à gagner à ce contrôle : ils voudraient que le ministre pût venir visiter souvent leur établissement.

BUDGET DU MUSEUM

On a dit que le budget du Museum était établi en dehors de règles de toute comptabilité précise.

Il est facile de prouver, au contraire, que l'ordre le plus sévère préside dans notre établissement à l'emploi des crédits alloués par le Corps législatif.

Chaque année, le ministre fait connaître à l'administration du Museum les crédits qui lui sont alloués au budget de l'État. Une commission composée du directeur, du secrétaire et de deux ou trois professeurs, fait *un projet de répartition* de ces crédits entre les divers services de l'établissement, et ce projet, après examen et discussion, est arrêté par l'assemblée des professeurs-administrateurs, dont chacun a été convoqué par une lettre spéciale. Devenu ainsi *projet de l'assemblée*, il est soumis au ministre ; s'il obtient son approbation, il prend le titre de *budget du Museum* et donne lieu à l'ouverture d'autant de crédits qu'il y a de services.

Cette manière de procéder dans l'établissement du budget remonte à l'année 1838 ; elle est conforme à deux lettres écrites par le ministre de l'instruction publique aux dates du 17 de janvier et du 4 de décembre. Les archives de l'administration conservent tous les *états de répartition* des crédits et les *arrêtés ministériels* qui constituent ces états *budgets officiels du Museum*.

Avant les prescriptions énoncées dans les deux lettres ministérielles précitées, le budget était arrêté pour chaque année par l'assemblée dans la même forme et avec les mêmes détails ; mais alors même, quoiqu'il fût acte d'administration intérieure, les crédits en étaient parfaitement définis et toujours connus du ministre.

Nous reproduisons ici le budget du Museum pour l'année 1883.

ANATOMIE COMPARÉE

PERSONNEL .
1 Professeur................. 10,000
1 Aide-naturaliste 3,100
1 Délégué dans les fonctions d'aide-naturaliste 2.500
4 Préparateurs 9,100
1 Garçon de laboratoire 1,200
} 25,900

MATÉRIEL ..
2 Garçons supplémentaires.. 1,800
Acquisitions 2,100
Frais de laboratoire......... 1,000
} 4,900

} 30,800

ANTHROPOLOGIE

PERSONNEL .
1 Professeur .... 10,000 »
1 Aide-naturaliste........ 4,000 »
2 Préparateurs........... 4,400 »
} 18,400

MATÉRIEL ..
1 Garçon de laboratoire... 1,277 50
Acquisition.............. 1,000 »
Frais de laboratoire...... 1,522 50
} 3,800

} 22,200

PHYSIOLOGIE GÉNÉRALE

PERSONNEL .
1 Professeur 10,000
2 Aides-naturalistes......... 7,500
} 17,500

MATÉRIEL ..
1 Garçon de laboratoire..... 1,200
Frais de laboratoire 1,500
} 2,700

} 20,200

PATHOLOGIE COMPARÉE

PERSONNEL .
1 Professeur............. 10,000 »
1 Aide-naturaliste........ 3,000 »
} 13,000

MATÉRIEL..
1 Garçon temporaire..... 1,277 50
Frais de laboratoire...... 1,722 50
} 3,000

} 16,000

ZOOLOGIE (MAMMIFÈRES ET OISEAUX)

§ I. *Laboratoire.*

PERSONNEL .
1 Professeur....... 10,000
2 Aides-naturalistes 8,500
5 Préparateurs..... 11,400
1 Garçon de laboratoire.......... 1,200
} 31,100

MATÉRIEL ..
1 Elève-préparateur 1,000
Acquisitions 3,700
Frais de laboratoire 2,800
} 7,500

} 38,600

§ II. *Ménagerie.*

PERSONNEL .
1 Commis de la ménagerie......... 1,800
7 Gardiens 9,100
} 10,900

MATÉRIEL ..
Salaire des gardiens supplémentaires. 6,000
Frais de la ménagerie............. 58,000
} 64,000

} 74,900

} 113,500

A *reporter*.......... 202,700

ZOOLOGIE (REPTILES ET POISSONS)

Report............. 202,700

§ I.

PERSONNEL .	1 Professeur....... 10,000 1 Aide-naturaliste.. 3,500 2 Préparateurs..... 5,100 1 Garçon de laboratoire.......... 1,300	19,900		
			24,700	
MATÉRIEL ..	1 Préparateur temporaire........ 1,200 Acquisitions....... 2,000 Frais de laboratoire. 1,600	4,800		
				38,400

§ II. *Ménagerie des Reptiles.*

PERSONNEL .	1 Commis de la ménagerie .... 1,500 1 Gardien......... 1,200	2,700	
			13,700
MATÉRIEL ..	2 Gardiens supplémentaires ...... 2,400 Frais de la ménagerie............ 8,600	11,000	

ZOOLOGIE (INSECTES ET CRUSTACÉS)

PERSONNEL .	1 Professeur............... 10,000 2 Aides-naturalistes......... 9,000 3 Préparateurs............. 8,000 1 Garçon de laboratoire..... 1,300	28,300	
			34,300
MATÉRIEL ..	1 Préparateur temporaire ... 1,200 Acquisitions............... 1,200 Frais de laboratoire........ 3,600	6,000	

ZOOLOGIE (ANNÉLIDES, MOLLUSQUES ET ZOOPHYTES)

PERSONNEL.	1 Professeur............... 10,000 2 Aides-naturalistes......... 6,500 1 Préparateur .... 2,200 1 Garçon de laboratoire 1,300	20,000	
			26,800
MATÉRIEL ..	1 Préparateur temporaire.... 1,200 1 Élève préparateur......... 1,200 Acquisitions............... 3,400 Frais de laboratoire........ 1,000	6,800	

BOTANIQUE (ORGANOGRAPHIE ET PHYSIOLOGIE VÉGÉTALE)

PERSONNEL .	1 Professeur............... 10,000 2 Aides-naturalistes........ 9,000 2 Préparateurs............. 4,400 1 Garçon................. 1,300	24,700	
			30,000
MATÉRIEL ..	Acquisitions............... 2,700 Frais de laboratoire........ 2,600	5,300	

BOTANIQUE (CLASSIFICATIONS ET FAMILLES NATURELLES)

PERSONNEL .	1 Professeur............... 10,000 1 Aide-naturaliste .... 4,000 2 Préparateurs............. 4,100 1 Garçon de laboratoire..... 1,300	19,400	
			26,500
MATÉRIEL ..	Acquisitions............... 2,000 Frais de laboratoire........ 5,100	7,100	

A reporter.......... 358,700

CULTURE

Report.............. 358,700

§ I. *Laboratoire.*

PERSONNEL .
- 1 Professeur....... 10,000
- 1 Aide–naturaliste.. 3,000
- 1 Préparateur...... 1,900
- 1 Garçon de laboratoire.......... 1,200

16,100 — 16,100

MATÉRIEL .. | .... »

§ II. *Jardin et Serres.*

PERSONNEL .
- 1 Jardinier en chef. 4,000
- 11 Jardiniers chefs de carrés....... 20,400

24,400

MATÉRIEL ..
- Journées des ouvriers jardiniers 58,400
- Dépenses diverses.. 15,100

73,500 — 97,900

114,000

PHYSIOLOGIE VÉGÉTALE

PERSONNEL .
- 1 Professeur................. 10,000
- 1 Aide–naturaliste , délégué dans les fonctions....... 2,800

12,800

MATÉRIEL..
- 1 Garçon de laboratoire..... 1,296
- 1 Préparateur temporaire.... 1,800
- Frais de laboratoire........ . 904

4,000 — 16,800

PALÉONTOLOGIE ET MOULAGE

§ I. *Laboratoire.*

PERSONNEL .
- 1 Professeur.... 10,000 »
- 1 Aide - naturaliste .... 4,000 »
- 2 Préparateurs.. 3,800 »

17,800

MATÉRIEL...
- 1 Garçon de laboratoire...... 1,277 50
- Acquisitions.... 500 »
- Frais de laboratoire........ 1,222 50

3,000 — 20,800

§ II *Atelier de moulage*

PERSONNEL .
- 1 Chef de la section de moulage...... 4,000
- 1 Peintre au moulage 2,900

6,900

MATÉRIEL... | Frais de l'atelier de moulage. 2,300

9,200

30,000

GÉOLOGIE

PERSONNEL.
- 1 Professeur................. 10,000
- 1 Aide-naturaliste 4,500
- 1 Préparateur.............. 2,200
- 1 Garçon de laboratoire...... 1,200

17,900

MATÉRIEL ..
- Acquisitions................ 3,700
- Frais de laboratoire........ 2,500

6,200 — 24,100

A reporter.......... 543,600

MINÉRALOGIE

Report............ 543,600

PERSONNEL . { 1 Professeur................ 10,000 } 14,500 }
{ 1 Aide-naturaliste.......... 4,500 }

MATÉRIEL .. { 1 Préparateur temporaire.... 1,900 } 5,200 } 19,700
{ 1 Employé temporaire....... 1,200 }
{ Acquisitions .... 1,000 }
{ Frais de laboratoire........ 1,100 }

PHYSIQUE APPLIQUÉE

PERSONNEL . { 1 Professeur................ 10,000 } 13,000 }
{ 1 Aide-naturaliste.......... 3,000 }

MATÉRIEL .. { 1 Garçon de laboratoire..... 1,200 } 3,000 } 16,000
{ Frais de laboratoire........ 1,800 }

PHYSIQUE VÉGÉTALE

PERSONNEL . { 1 Professeur .... 10,000 } 12,900 }
{ 1 Préparateur.............. 2,900 }

MATÉRIEL.. { 2 Garçons de laboratoire.... 2,600 } 5,100 } 18,000
{ Frais de laboratoire........ 2,500 }

CHIMIE APPLIQUÉE AUX CORPS ORGANIQUES

PERSONNEL. { 1 Professeur .... 10,000 }
{ 1 Aide-naturaliste .... 4,500 } 18,300 }
{ 1 Préparateur.............. 2,500 }
{ 1 Garçon de laboratoire..... 1,300 } 23,300

MATÉRIEL .. | Frais de laboratoire................... 5,000 }

CHIMIE APPLIQUÉE AUX CORPS INORGANIQUES

PERSONNEL . { 1 Professeur......... ...... 10,000 }
{ 1 Aide-naturaliste.......... 5,000 } 20,700 }
{ 2 Préparateurs .... 4,400 }
{ 1 Garçon de laboratoire..... 1,300 }

MATÉRIEL .. { 1 Garçon temporaire........ 1,300 } 16,600 } 37,300
{ Frais de laboratoire........ 15,300 }

ICONOGRAPHIE

Deux maîtres de dessin à 2,500 francs chacun............... 5,000

VOYAGEURS NATURALISTES

Fonds des voyageurs-naturalistes......................... 25,000

SECRÉTARIAT

PERSONNEL. { 1 Secrétaire agent-comptable. 6,000 }
{ 3 Employés au secrétariat.... 6,000 } 13,300 }
{ 1 Garçon de bureau......... 1,300 }

MATÉRIEL .. | Frais des bureaux et de la salle d'As- } 14,800
semblée........................ 1,500 }

A reporter........ 702,700

BIBLIOTHÈQUE

Report............. 702,700

PERSONNEL .
- 1 Bibliothécaire............. 5,000
- 1 Sous-bibliothécaire........ 2,500
- 1 Employé à la bibliothèque.. 1,800
- 1 Garçon de la bibliothèque. 1,300

10,600

MATÉRIEL... | Frais de la bibliothèque............. 17,600

28,200

GALERIES

PERSONNEL .
- 3 Gardes de galeries........ 10,000
- 8 Garçons de service des galeries................... 10,200

20,200

MATÉRIEL ..
- Journées des garçons supplémentaires............ 8,000
- Service et entretien des galeries................... 2,000

10,000

30,200

PORTIERS

4 Portiers.. 5,000

BOURSES DU MUSEUM

20 Bourses de licence et de doctorat........................ 30,000

SERVICE DE LA DIRECTION

MATÉRIEL ..
- Collection de vélins et dessins........ 5,000
- Correspondance et abonnement........ 1,000
- Annonces, frais de cours, impressions. 2,600
- Alcool 2,500
- Préparatifs de voyages.............. 1,000
- Ports d'objets de collections.......... 4,000
- Habillement des gens de service et des surveillants...................... 5,100

21,200

SERVICE DES ATELIERS

PERSONNEL . | 1 Contrôleur des ateliers............. 3,000

MATÉRIEL ..
- 1 Garçon de service........ 1,200
- Atelier de menuiserie....... 8,000
- — de serrurie......... 4,500
- — de vitrerie-peinture.. 5,000
- — de treillagerie 3,800
- Inspecteurs-surveillants...... 11,720
- Dépenses diverses.......... 5,980

40,200

43,200

CHAUFFAGE, ÉCLAIRAGE ET FRAIS DIVERS

Frais du chauffage, de l'éclairage, etc...................... 40.862

RÉSERVES

Réserve du personnel (pour indemnités).... 2,080
Réserve du matériel................................. 15,000

17,080

TOTAL..... 918,442

Les procès-verbaux de nos séances qui sont envoyés au ministre, et dont la copie est conservée dans nos archives, prouvent que les projets de budget sont discutés avec le plus grand soin, chaque année, dans l'assemblée des professeurs : ils démontrent en outre que les modifica-cations légères, proposées par l'assemblée, dans l'emploi des fonds, sont toujours soumises à l'approbation du ministre.

L'application du budget aux dépenses du Museum se fait donc avec la plus grande régularité.

COMPTABILITÉ DU MUSEUM

Les crédits inscrits au budget du Museum d'histoire naturelle sont applicables, partie aux dépenses du personnel, partie aux dépenses du matériel.

Toutes les dépenses du Museum sont liquidées et ordonnancées par le ministre. Les pièces de comptabilité établies par le Museum, certifiées par les chefs de service et les aides-naturalistes, visées par le Directeur, sont vérifiées et contrôlées par les bureaux du ministère avant l'ordonnancement par le ministre.

Ces pièces, toujours régulières, comprennent des décomptes pour les traitements, et des mémoires ou factures pour les dépenses de matériel. Elles sont vérifiées et contrôlées par le ministère des finances qui n'autorise les paiements qu'après en avoir reconnu la régularité.

Les dépenses du Museum, comme toutes les dépenses publiques, sont examinées en dernier ressort par la Cour des comptes et n'ont jamais donné lieu à aucune observation de sa part.

COLLECTIONS ET CATALOGUES DU MUSEUM

Tous les objets de collection, qu'ils proviennent des voyageurs natura-listes, de dons ou d'acquisitions, sont, dès leur réception à l'administration, inscrits sommairement sur un *registre d'arrivée* déposé au secrétariat. Ils sont ensuite répartis entre les divers services chargés de les étudier, de les préparer et de les envoyer dans les galeries.

Après avoir examiné les objets, les chefs de service en envoient la liste détaillée au secrétariat, et ils sont alors inscrits sur le *Catalogue d'entrée de l'administration* avec leur numéro définitif. Le *registre d'arrivée*, paraphé par les aides-naturalistes, est conforme aux catalogues particuliers des laboratoires.

Il existe également au secrétariat un *registre de sortie* pour les objets échangés, donnés à certains établissements publics, etc.

Les objets de collection, une fois préparés, sont déposés, par les soins des professeurs, dans les galeries publiques, placées sous l'autorité du directeur dont les gardes des galeries sont les représentants, et ne peuvent en sortir, pour être étudiés et réparés, qu'après avoir été inscrits sur un registre de prêts tenu par les gardes des galeries.

Telle est l'organisation actuelle du Museum, qui nous paraît présenter, au point de vue de la science et de la régularité administrative, toutes les garanties désirables.

II

AMÉLIORATIONS A INTRODUIRE DANS LE MUSEUM

Les documents que nous publions sur le Museum seraient incomplets si, après avoir fait connaître son organisation, nous ne signalions pas les principales améliorations que les progrès de la science rendent nécessaires et qu'il faut introduire dans notre bel établissement pour augmenter encore les services qu'il rend aux sciences naturelles.

En agissant ainsi, nous nous conformons du reste au désir exprimé par l'Administration.

Lorsque M. le ministre de l'Instruction publique est venu visiter récemment le Museum d'histoire naturelle, il a bien voulu nous dire qu'il désirait connaître tous les besoins scientifiques de notre établissement.

Je comprends, nous a dit le ministre, que vos besoins s'étendent chaque année ; ils doivent suivre en effet les progrès de la science qui ne s'arrête jamais : votre devoir est de nous signaler ce qui vous manque ; ne vous inquiétez pas de l'importance pécuniaire des demandes que vous nous adresserez, et croyez bien que nous ferons tous nos efforts pour vous satisfaire, lorsque les exigences du budget le permettront.

Nous allons donc faire connaître les améliorations les plus urgentes à introduire dans le Museum d'histoire naturelle pour le maintenir à la hauteur qu'il doit occuper dans la science.

LABORATOIRES DES PROFESSEURS

Tout le monde connaît les services que les laboratoires rendent à la science.

C'est dans le laboratoire que s'exécutent les recherches originales qui font avancer la science et dont les résultats sont consignés chaque année dans les *Archives du Museum* que nous publions.

C'est également dans le laboratoire que les aides-naturalistes et les préparateurs exécutent, sous la direction du professeur, les travaux qui enrichissent nos collections et qu'ils poursuivent leurs recherches scientifiques.

Le laboratoire est devenu, dans ces dernières années, le complément nécessaire de l'enseignement : c'est là que le professeur initie ses élèves aux sciences d'expérience et d'observation qui ne peuvent être apprises que dans le laboratoire.

Un enseignement du Museum n'est donc réellement complet que quand le professeur possède, à côté de son amphithéâtre, un laboratoire dans lequel il exerce ses élèves sur la partie expérimentale de la science qu'il professe.

Quelques professeurs du Museum possèdent déjà des laboratoires de recherches et d'enseignement ; mais d'autres, tels que les professeurs de botanique, de culture, de géologie, de minéralogie, de pathologie comparée, n'en ont pas encore.

Un vaste terrain a été acquis en 1877 pour la construction des nouveaux laboratoires : les plans et les devis de ces laboratoires, approuvés par l'assemblée des professeurs, ont été envoyés au ministre le 21 octobre 1881.

Et cependant aucune construction n'a été faite encore sur ce terrain destiné aux laboratoires.

Un pareil retard cause à la science un préjudice considérable.

Nous demandons avec la plus grande instance la construction immédiate des laboratoires, sur le terrain qui a été acheté, il y a déjà six années.

INSUFFISANCE DES FONDS D'ACQUISITION

Les fonds d'acquisition du Museum sont d'une insuffisance presque dérisoire qui compromet l'avenir de notre établissement.

Ceux de la ménagerie sont de 4000 francs.

Un Rhinocéros ou un Éléphant se paient souvent jusqu'à 20 000 francs : un Lion ou un Tigre coûtent 6000 francs.

La minéralogie, pour ses acquisitions, ne peut disposer que d'une somme insignifiante de 1000 francs : on sait que les minéraux précieux arrivent aujourd'hui à des prix très élevés.

Il est impossible, dans ces conditions, de maintenir nos collections au rang important qu'elles doivent occuper.

Les Musées étrangers nous enlèvent, dans les ventes, les objets d'histoire naturelle ou les animaux les plus intéressants.

Les jardins zoologiques étrangers ont des fonds d'acquisition qui dépassent souvent 100 000 francs.

Notre Musée serait depuis longtemps en pleine décadence si les professeurs ne faisaient pas arriver dans nos collections, par leurs relations personnelles et à titre de cadeau, les objets qui leur sont offerts.

Nous demandons que les fonds d'acquisition soient notablement augmentés.

AMEUBLEMENT DES NOUVELLES GALERIES

Les belles collections zoologiques du Museum, et particulièrement celles des Mammifères, seront avant peu détruites par l'humidité, si elles restent encore quelque temps dans les locaux qu'elles occupent aujourd'hui : *cette perte serait irréparable pour la science.*

Les salles dans lesquelles ces précieuses collections sont placées ne reçoivent plus ni lumière ni air, car les fenêtres sont masquées par les nouvelles constructions.

Pour porter remède à ces graves inconvénients et pour assurer la conservation de nos collections, il faudrait utiliser au plus tôt quelques parties des nouvelles constructions qui sont terminées, et procéder à leur ameublement.

CONSTRUCTION DES GALERIES DE BOTANIQUE

Les collections botaniques du Museum ne consistent pas seulement, comme on pourrait le croire, en un vaste herbier complété par quelques séries accessoires. Elles forment en réalité un ensemble considérable, et doivent constituer à elles seules un musée très important, comme cela s'est fait à Kew, à Berlin, à Vienne, à Bruxelles, etc.

Pour justifier la construction de galeries de botanique indépendantes de toutes les autres, il suffit, du reste, d'indiquer ici les collections qui devraient y être placées.

1° Les herbiers;

2° La collection carpologique, comprenant les fruits et les grandes inflorescences;

3° La collection cryptogamique, comprenant les échantillons qui, par leur volume et leur nature, ne peuvent pas être placés dans l'herbier, tels que Lichens sur roche, les Champignons en cire, etc.;

4° Les collections d'anatomie, de physiologie et de paléontologie végétales;

5° La collection des plantes fossiles;

6° La collection des bois;

5° La collection des produits végétaux.

Toutes ces collections, grâce aux recherches de nos naturalistes, ont pris aujourd'hui un développement considérable; mais en raison de l'accolement de ces galeries aux galeries affectées au règne minéral, les collections de botanique ont été entravées dans leur développement, notre Musée de botanique est resté dans une situation véritablement déplorable : l'espace insignifiant dont il pouvait disposer a été rempli en peu de temps, et, depuis vingt-cinq ou trente ans, toutes les acquisitions nouvelles ont dû être entassées loin des yeux du public.

Nous avons donc en réserve des collections de botanique très intéressantes qui seront placées, au grand profit de la science, dans les galeries dont nous demandons la construction avec la plus vive instance.

M. le professeur de botanique a préparé un projet excellent sur les conditions que doivent remplir, dans leur construction, les galeries de botanique : les indications qu'il a données devront être exactement suivies.

L'assemblée des professeurs, dans une de ses dernières séances, a décidé que pour faciliter la construction définitive des galeries de botanique, elle demanderait au ministre de faire construire d'une façon économique une galerie provisoire dans les terrains en bordure de la rue de Buffon, pour examiner, classer et exposer au public les objets qui sont entassés aujourd'hui dans des locaux épars et inaccessibles.

MISE EN CULTURE DU TERRAIN DE VINCENNES

Les professeurs du Museum ont reconnu depuis longtemps que le Jardin des Plantes ne présentait pas une étendue suffisante pour étudier le développement de certains végétaux qui intéressent la science ou l'industrie.

En outre, l'épuisement du sol par les cultures anciennes et l'influence des fumées charbonneuses que les cheminées des usines répandent aujourd'hui dans l'air en abondance, s'opposent à la végétation d'un certain nombre de plantes importantes.

Le professeur chargé de la ménagerie demande aussi depuis longtemps une succursale de sa ménagerie qui lui permette de placer les jeunes animaux dans des conditions convenables pour leur développement.

L'administration du Museum a donc prié M. le ministre de l'instruction publique de faire donner à notre établissement un terrain pris dans le bois de Vincennes qui deviendrait, pour le Jardin des Plantes, une succursale précieuse.

La demande que nous avons adressée au ministre a été accordée. En exécution de la loi du 24 juillet 1860, un terrain pris dans le bois de Vincennes a été affecté à une succursale du Museum d'histoire naturelle.

Malheureusement, cette succursale du Museum, que nous avons demandée avec tant d'instance, n'a jamais pu être utilisée.

Il nous a été impossible d'obtenir les crédits qui nous étaient utiles pour mettre en culture le terrain de Vincennes.

Aujourd'hui, cette succursale du Museum nous devient indispensable; nous y établirons un arboretum et des pépinières qui nous manquent; nous y placerons des arbres très intéressants qui nous sont offerts par plusieurs botanistes.

Nous pourrons en outre établir, dans une partie de ce terrain, une sorte de haras qui permettra d'obtenir des reproductions de plusieurs animaux qui se réalisent difficilement au Museum.

Nous venons donc prier M. le ministre de nous faire obtenir les crédits qui nous sont nécessaires pour utiliser le terrain que l'État a bien voulu mettre à notre disposition dans le bois de Vincennes.

CRÉATION D'UN LABORATOIRE AU BORD DE LA MER

Il existe au Museum quatre chaires de zoologie qui ont incessamment besoin, soit pour les démonstrations des cours, soit pour les recherches de laboratoire, d'être approvisionnées d'animaux marins : la chaire d'anatomie comparée et celle de physiologie générale se trouvent souvent dans le même cas.

Cette nécessité est aujourd'hui d'autant plus pressante que les démonstrations sur le vivant et les expériences faites sous les yeux des élèves sont devenues depuis quelques années le complément *exigé* du professorat.

L'étude des animaux inférieurs, qui sont presque tous marins, a reçu en France, depuis cinquante ans, une impulsion nouvelle. Ces travaux intéressants ne peuvent se faire que d'une façon incomplète sur des animaux conservés dans l'alcool.

Pour continuer des recherches qui ont pris une si grande importance au Museum, nous venons demander qu'une station maritime, *dépendant directement de notre établissement*, soit créée et placée sous l'autorité immédiate des professeurs compétents, qui pourront satisfaire alors aux exigences multiples des différents services.

Cette création scientifique que nous demandons pour le Museum fera disparaître une lacune scientifique regrettable ; elle enrichira nos collections et ouvrira à la science des voies nouvelles.

GALERIE DE PALÉONTOLOGIE

La paléontologie est née au Museum, comme l'anatomie comparée.

Toutes les grandes capitales ont des musées de paléontologie : il est bien étrange que le Museum, dans lequel Cuvier a créé la science si importante des animaux fossiles, soit encore à attendre son musée de paléontologie.

Le professeur chargé de l'enseignement de cette science, qui intéresse si vivement les esprits philosophiques et dont la création est un titre de gloire pour notre pays, ne possède même pas des ressources suffisantes pour préparer les matériaux du futur musée de paléontologie ; il reçoit des cadeaux de tout côté et ne peut pas donner à ces objets intéressants une place digne de la générosité des donateurs ; il n'a pas de fonds pour le montage des fossiles : il demande donc avec raison une augmentation de crédit et des locaux provisoires qui lui permettraient d'étudier et de classer les animaux dont le nombre augmente avec une rapidité surprenante et qui sont souvent les plus gigantesques de la création.

Nous appuyons avec énergie les justes demandes du professeur de paléontologie. Quant au local provisoire qui permettrait d'étudier et de classer les objets innombrables qui composeront la galerie de paléontologie, nous recommanderons un baraquement qui serait placé à la suite de celui que nous avons demandé pour la botanique.

GALERIES D'ANATOMIE COMPARÉE

Le professeur chargé de ce service important s'occupe déjà depuis trois années de la réfection de la collection d'anatomie comparée.

Il demande une augmentation, au moins temporaire, des ressources pécuniaires qui sont aujourd'hui insuffisantes pour la réfection de ses belles collections.

Si ses ressources n'étaient pas augmentées d'une manière notable, il lui faudrait plus de douze années pour mettre ses collections en état : les savants qui viennent si souvent consulter les documents originaux d'une science qui a été créée par Cuvier, se trouveraient privés ainsi, pendant longtemps, de puissants moyens d'étude.

Il ne faut pas oublier que la galerie d'anatomie comparée contient des pièces uniques et qu'elle est constamment visitée par les naturalistes et les savants étrangers.

CHAIRE DE ZOOLOGIE — ANIMAUX ARTICULÉS

Nos collections d'animaux articulés font l'admiration de tous les savants, mais le personnel qui dépend de cette chaire est absolument insuffisant.

Les sujets d'étude qui se rattachent à cet enseignement se comptent par centaines de mille.

En l'état actuel, malgré toute la science et le zèle du professeur, le classement définitif de certains groupes ne peut pas être effectué : c'est donc avec raison qu'il demande, pour le service si compliqué de sa chaire, un quatrième préparateur scientifique.

Il désire également que la somme attribuée aux acquisitions d'objets nouveaux soit augmentée.

Une partie des animaux articulés est placée provisoirement dans l'ancienne maison de Geoffroy-Saint-Hilaire : en examinant cette belle collection, on peut facilement se rendre compte de toutes les difficultés qui ont été vaincues dans l'étude et la classification de ces animaux.

CHAIRE DE ZOOLOGIE (ANNÉLIDES, MOLLUSQUES ET ZOOPHYTES)

Cette chaire reçoit chaque année un total de près de 10 000 échantillons nouveaux : le personnel des aides-naturalistes suffit à peine au travail des entrées.

La collection présente un arriéré considérable. Il a fallu entreprendre une revision complète de cette collection : un savant naturaliste, deux employés, et un préparateur, ont dû être adjoints au personnel réglementaire pour prendre part à ce travail : ces employés sont payés sur les fonds d'acquisition et d'entretien de la collection; or la collection ne contient environ que le tiers des espèces connues; les lacunes qu'elle présente ne peuvent être comblées que par des achats que l'on est obligé de limiter beaucoup, en raison du crédit insuffisant alloué à la chaire.

Le professeur demande qu'un emploi d'aide-naturaliste et un emploi de préparateur soient créés pour sa chaire. Il désire, en outre, qu'une somme de 1000 francs soit ajoutée au budget annuel de son laboratoire.

CHAIRE D'ANTHROPOLOGIE

Tous les savants admirent nos collections d'anthropologie qui sont d'une richesse incomparable; ils connaissent aussi les recherches si intéressantes pour la science qui sont exécutées dans le laboratoire.

Seulement la galerie d'anthropologie et le laboratoire sont aujourd'hui absolument insuffisants.

Nous demandons, pour cet enseignement, qui a été créé au Museum, une installation digne de son importance scientifique.

AUGMENTATION DU CRÉDIT POUR LA BIBLIOTHÈQUE

La bibliothèque du Museum, grâce au dévouement et à la science de notre éminent bibliothécaire, a pris aujourd'hui un développement considérable ; elle est fréquentée par un grand nombre de naturalistes.

Seulement les locaux se trouvent aujourd'hui insuffisants et les crédits, qui sont restés stationnaires, ne permettent pas l'acquisition des grands ouvrages d'histoire naturelle que possèdent toutes les bibliothèques étrangères et que réclament les nombreux savants qui travaillent dans notre Musée.

La bibliothèque du Museum a été installée pour recevoir trente mille volumes ; elle contient aujourd'hui cent mille volumes et soixante-dix mille brochures ou dessins : un grand nombre de livres ne sont pas classés, faute de place.

La bibliothèque du Jardin des Plantes a été citée pendant longtemps, au point de vue de l'histoire naturelle, comme étant la plus riche ; elle est dépassée aujourd'hui par les bibliothèques étrangères.

Nous considérons donc comme urgentes une augmentation de crédit et une extension de locaux pour notre bibliothèque.

Le crédit de 17 600 francs qui est alloué à la bibliothèque ne peut plus faire face à tous ses besoins : sur cette somme, 7000 francs sont engagés pour les publications périodiques.

SITUATION PÉCUNIAIRE DES AIDES-NATURALISTES ET DES PRÉPARATEURS

Les aides-naturalistes, qui rendent d'importants services aux sciences par leurs travaux personnels et par les soins qu'ils donnent à nos collections, ont une rémunération qui n'est pas en rapport avec leur mérite scientifique et les exigences actuelles de la vie.

Les aides-naturalistes entrent au Museum avec des appointements de 3000 francs ; ils arrivent, par des augmentations successives et toujours très lentes, à toucher, à la fin de leur vie, une somme de 5000 francs qu'ils ne peuvent pas dépasser : nous exigeons que les aides-naturalistes consacrent tout leur temps à notre établissement.

Nous pensons que ces conditions de rémunération des aides-naturalistes doivent être modifiées, et qu'il serait juste de fixer leur maximum à 8000 francs, ce qui représente, à Paris, une existence modeste.

Il ne faut pas oublier que les aides-naturalistes du Museum sont des savants d'une grande distinction; ils sont souvent membres de l'Institut et suppléent les professeurs.

Or les agrégés de la Faculté de droit de Paris touchent 7000 francs, et en outre 2400 francs, s'ils font un cours. Il serait juste de donner aux aides-naturalistes une situation comparable à celle qui est faite aux agrégés de Faculté.

Le recrutement des aides-naturalistes est aujourd'hui difficile : les naturalistes hésitent à entrer dans une carrière qui est lente et mal rétribuée.

Nous sommes persuadés qu'une amélioration sérieuse donnée à la position des aides-naturalistes du Museum retiendrait dans la carrière des sciences naturelles ceux qui, par nécessité, pensent à la déserter.

Nous réclamons également une augmentation sensible dans la rémunération des préparateurs : ces jeunes savants ont pour la science une vocation incontestable; ils restent pendant longtemps dans une situation difficile.

SECOURS ACCORDÉS AUX VIEUX OUVRIERS QUI N'ONT PAS DE RETRAITE

Il serait juste que l'administration du Museum pût venir efficacement en aide aux ouvriers et aux employés que l'âge ou les infirmités mettent dans l'impossibilité de continuer leur service et qui n'ont pas droit à la retraite.

Ce secours, hélas! bien utile, devrait s'étendre aux veuves et aux enfants.

Pour atteindre ce but, il suffirait d'obtenir l'inscription au budget du Museum, sous la rubrique *Indemnités et secours*, un crédit permanent de 6000 francs.

AUGMENTATION DU PRIX DE LA JOURNÉE DONNÉ AUX EMPLOYÉS ET AUX OUVRIERS DU MUSEUM

Nous avons au Museum des jardiniers, des surveillants, des garçons de ménagerie et de galeries qui touchent des traitements insuffisants : le prix de la journée ne leur est payé souvent que 2 fr. 50 ou 3 francs.

Nous désirons, qu'au Museum, la journée des bons ouvriers ne soit jamais payée au-dessous de 5 francs.

Le service des garçons de ménagerie est très dur et souvent dangereux ; il exige une surveillance intelligente et continuelle de jour et de nuit.

La rémunération insuffisante que nous offrons à nos jardiniers et à nos garçons de ménagerie rend aujourd'hui leur recrutement presque impossible.

Si nous pouvions conserver nos bons jardiniers en les payant convenablement, nos jardins seraient mieux tenus et présenteraient un aspect plus agréable.

DISTRIBUTION DE L'EAU DANS LE MUSEUM

La distribution de l'eau dans les différentes parties du Museum se fait d'une façon incomplète, et expose notre Musée national, en cas d'incendie, à des pertes irréparables.

Le général Paris, ancien colonel des pompiers, qui s'occupe d'histoire naturelle, est venu pendant longtemps travailler dans nos galeries de botanique ; il nous a dit souvent qu'aucune précaution n'avait été prise pour sauver, en cas d'incendie, nos précieuses collections ; il ajoutait que, dans le Museum, le manque d'eau est tel que tout effort pour combattre un incendie serait absolument sans résultat.

Les prises d'eau de la ménagerie ne présentent jamais la pression nécessaire pour les arrosages et les nettoyages. Le service d'Herpétologie et d'Ichthyologie ne reçoit qu'une quantité d'eau insuffisante et souvent les animaux qui vivent dans l'eau se trouvent à sec.

Enfin, nos jardins et nos serres ne sont arrosés que d'une façon incomplète.

Le manque d'eau peut donc occasionner au Museum les accidents les plus graves et ne nous permet pas d'entretenir convenablement nos jardins : il nous paraît donc urgent de placer dans toutes les parties de notre établissement des conduites d'eau et des bouches contre l'incendie.

INSTALLATION D'HIVER POUR LES ANIMAUX

La ménagerie manque d'une installation d'hiver pour les animaux tels que les antilopes, les autruches, etc.

Les constructions qui servent à abriter les ruminants sont très petites et dépourvues de tout moyen de chauffage : aussi ces animaux souffrent beaucoup en hiver et nous en perdons un grand nombre.

Il serait utile de construire, pour la retraite d'hiver, un bâtiment bien aéré, convenablement éclairé, et chauffé.

On trouve dans la ménagerie un terrain qui convient à cette installation.

Il faudrait, dans cette construction, réserver un logement pour le gardien, qui est obligé, pendant la nuit, de donner des soins aux animaux.

Le professeur réclame également un nouvel aide-naturaliste chargé spécialement de le seconder dans la surveillance de la ménagerie : il est obligé, en ce moment, de déléguer pour ce service un des deux aides-naturalistes attachés à sa chaire, ce qui ne peut se faire qu'au préjudice des collections.

Nous venons d'indiquer d'une manière générale les améliorations qui, selon nous, doivent être introduites dans le Museum.

Il s'agit de donner aux professeurs des collaborateurs qui leur manquent, d'augmenter les prix d'acquisition qui sont insuffisants et de rémunérer convenablement les employés, les jardiniers et les ouvriers, pour conserver au Museum ceux qui lui rendent des services véritables.

Les professeurs du Museum connaissent tout l'intérêt que les pouvoirs publics portent à notre Musée national d'histoire naturelle, et n'ont pas oublié que la Chambre des députés a voté déjà des sommes considérables pour compléter nos galeries et nos serres ; ils sont donc persuadés qu'elle n'hésitera pas, dès que l'état des finances le permettra, à nous accorder les crédits qui nous sont utiles pour réaliser les améliorations que nous venons de signaler.

E. FREMY,

Directeur du Museum d'histoire naturelle.

III

RÉPONSE AUX CRITIQUES FAITES EN 1883
SUR L'ORGANISATION DU MUSEUM (1)

Les critiques dont le Museum est l'objet en ce moment ont déjà été produites à différentes époques; elles ont toujours été repoussées victorieusement.

Nous croyons que M. le Rapporteur du budget n'a pas eu connaissance de nos anciennes publications sur l'organisation du Museum et que les documents qui lui ont été fournis n'étaient pas exacts : nous sommes donc persuadés qu'il accueillera avec bienveillance les observations que nous venons lui soumettre.

En 1849, en 1858 et en 1878 des commissions spéciales ont été instituées par le ministre, les conditions d'organisation du Museum ont été étudiées sous toutes leurs faces, des enquêtes contradictoires ont été faites et le résultat de ces discussions a toujours été le même, il a prouvé de la manière la plus éclatante que s'il y avait des modifications de détail à faire, l'organisation générale était excellente et ne pouvait être changée qu'au préjudice des intérêts de la science. Le projet de décret présenté en 1879 par la dernière commission, maintient la dircction telle qu'elle existait, et en approuve les effets.

Une des préoccupations de notre époque est de développer l'esprit d'initiative et de responsabilité; jamais cette préoccupation n'a été plus nettement indiquée que dans l'importante circulaire que M. le ministre de l'instruction publique, J. Ferry, vient d'adresser aux recteurs, relativement à l'organisation de l'enseignement supérieur et qui commence par ces mots : « Il a été facile de voir, dans les diverses mesures que j'ai prises depuis près de cinq ans relativement aux Facultés, que *j'attachais la plus grande importance à tout ce qui pouvait développer dans l'enseignement supérieur le sentiment de la responsabilité, l'habitude de s'administrer soi-même.* » Et nous lisons plus loin : « La constitution d'universités, *s'administrant elles-mêmes sous la haute autorité de l'État est certainement un idéal auquel il faut s'efforcer d'atteindre.* »

(1) Cette réponse a été rédigée par M. Alph. Milne Edwards et approuvée à l'unanimité par l'assemblée des professeurs.

La constitution du Museum réalise en quelque sorte cet idéal ; c'est à son organisation républicaine qu'il doit en majeure partie son rapide développement et sa juste célébrité, et c'est maintenant que l'on voudrait la lui enlever pour revenir à des mesures que partout ailleurs on cherche à faire disparaître.

Nous examinerons successivement les critiques qui nous sont faites ; et après en avoir reproduit le texte, nous y répondrons.

L'organisation administrative est vicieuse, elle ne répond plus aux besoins de précision et de rapidité d'exécution de notre temps ; il n'y a qu'une direction nominale et par conséquent pas de direction ni de vie. Il faut au Museum une direction effective et indépendante avec des responsabilités nettement définies.

Le mode d'administration qui régit le Museum depuis sa fondation et qu'il doit à la Convention, est parfaitement adapté à l'organisation de cet établissement et à la diversité des services qu'il comprend. — L'histoire de la terre, celle de l'homme, celle des êtres organisés et fossiles, les sciences chimiques et physiques y sont enseignées par les hommes les plus compétents ; des collections immenses de minéraux, de végétaux et d'animaux servent de sujets de démonstration à cet enseignement ; aussi est-il facile de comprendre que l'administration et l'accroissement de ces richesses demandent des aptitudes différentes ; ce sont les savants les plus autorisés par leurs travaux et leur talent qui sont chargés d'y donner leurs soins ; la direction scientifique passe avant la direction administrative, c'est ce qui a été reconnu de tout temps par les hommes qui ont étudié les besoins du Museum ; c'est cette pensée qui a empêché Ant. Laur. de Jussieu, et ensuite G. Cuvier, d'accepter la situation prépondérante que l'on voulait leur donner, c'est elle qui a arrêté les différents ministres à qui l'on conseillait de changer le mode d'administration du Museum. En effet, de quel poids serait dans un cas spécial l'opinion d'un simple administrateur, quel que soit d'ailleurs son mérite, à côté de celle de l'homme spécial ayant toute la notoriété d'un talent reconnu ? cette autorité se trouverait diminuée à la suite de chacune de ces discussions, jusqu'à ne plus exister, ou bien, si elle était maintenue quand même, ce serait au détriment des collections et de l'enseignement. Nos galeries se complètent et s'enrichissent plus peut-être par l'influence directe du professeur qui les dirige que par les acquisitions qui sont faites. Ce sont les recherches du savant qui leur donnent une valeur inestimable, ce sont ses relations personnelles qui y amènent de nouveaux objets ; c'est la manière dont il les groupe qui les rend utiles. Si l'initiative lui était enlevée, c'est alors que l'on verrait peu à peu s'introduire au Museum le désordre, l'incurie, la stagnation.

Les mesures à prendre dans un établissement tel que le Museum doivent être discutées non pas devant des administrateurs, mais devant un conseil de naturalistes ou de savants. La responsabilité d'un chef unique, et par cela seul incompétent pour ce qui touche aux intérêts de la plupart des services, cette responsabilité serait illusoire et fatale au progrès de l'établissement. Dans notre organisation actuelle, le ministre est mis au courant de toutes les questions qui s'agitent dans le sein de l'assemblée, il s'éclaire de l'avis de notre directeur, et c'est en pleine connaissance de cause qu'il prend une décision.

Quant au fonctionnement matériel des services, il ne faut pas dissimuler qu'il laisse beaucoup à désirer : il n'y a pas de direction ni de vie.
Désordre et stagnation.

A cette grave accusation, nous ne répondrons que par des faits. L'administration du Museum ne peut que rechercher la lumière, elle la demande même avec instance.

Les rapports publiés chaque année rendent compte du mouvement considérable d'entrées et de sorties qui existent dans les divers services. Chaque objet, au moment où il arrive, est immédiatement pris en charge, classé et catalogué suivant un système qui s'applique d'une manière générale à tout le Museum ; il n'est pas un animal, si petit qu'il soit, pas un fragment de plante ou de minéral qui n'ait son numéro d'inventaire et qu'on ne puisse trouver immédiatement ou suivre jusqu'au moment de sa sortie ; et ce n'est pas un travail sans importance, quand on constate que souvent une seule collection d'insectes ou de coquilles comprend plusieurs milliers d'échantillons, qui arrivent parfois en mauvais état et doivent subir au préalable des préparations longues et minutieuses.

Un double de ces inventaires d'entrée ou de sortie est déposé à l'administration qui centralise ainsi le mouvement général du Museum.

L'accroissement rapide de nos richesses prouve qu'à aucune époque la vie n'a été plus active dans notre établissement.

Les galeries, qui en 1858 ne comprenaient que 3711 mammifères, en comptent aujourd'hui près de 7000 ; en vingt-cinq ans, il en est donc entré autant que pendant la longue suite d'années qui s'écoule depuis la fondation du Musée jusqu'à 1858. Il n'y avait alors que 15483 oiseaux, et il y en a aujourd'hui 22000; le nombre des œufs et des nids s'est doublé; en même temps, des collections considérables et exactement déterminées ont été distribuées aux Musées de province, aux Facultés des sciences, aux écoles normales supérieures et même à des écoles industrielles. Les progrès faits dans les autres branches de la Zoologie, de la Botanique, de la Paléontologie, de la Géologie, n'ont pas été moins frappants; et c'est au moment où il suffisait d'ouvrir les yeux pour les constater qu'on vient accuser le Museum de désordre et de stagnation.

Est-ce le mouvement scientifique qui est incriminé, et trouve-t-on que livrés tout entier aux soins matériels des collections, les professeurs et leurs aides négligent les travaux de recherches à l'aide desquels la science se constitue? Mais, chaque année, un volume des archives du Museum, publié par les professeurs, vient attester leur activité. Ce volume est d'ailleurs insuffisant pour la publication des travaux qui se font au Museum; et le nombre d'ouvrages, mémoires ou articles imprimés à part, ou insérés dans des recueils scientifiques est considérable; les titres en sont indiqués dans le rapport annuel. Il suffit de parcourir les laboratoires pour voir que chacun d'eux est un centre d'attraction où les jeunes naturalistes trouvent les matériaux d'étude nécessaires à leurs investigations et une direction toute désintéressée, où les travailleurs de tous les pays viennent consulter nos collections et où se forment nos aides-naturalistes, dont la modestie ne doit pas faire oublier le mérite. On peut les considérer, en effet, comme les véritables élèves du Museum qui deviennent à leur tour des professeurs estimés et des savants éminents. Les professeurs et leurs aides croient n'avoir jamais failli à la mission qui leur incombe. Leur tâche a parfois été lourde, et ce n'est qu'à force d'activité qu'ils ont pu organiser certains services nouvellement institués.

Ainsi, quand tout d'un coup on a envoyé au Museum vingt élèves boursiers, sans qu'aucune augmentation de personnel ou de budget permît de subvenir aux besoins de cet enseignement nouveau, les professeurs n'ont pu y faire face que par un effort si puissant qu'ils ne sauraient longtemps le soutenir qu'au détriment de leurs travaux scientifiques ou du soin des collections. Les uns, après avoir terminé leur cours régulier, ont fait aux boursiers une série de leçons supplémentaires; d'autres les réunissaient dans des conférences; d'autres les dirigeaient dans les

galeries, ou, les recevant dans leurs laboratoires, surveillaient leurs dis-
sections, les guidaient dans leurs travaux, leur indiquaient des sujets
d'étude et leur apprenaient quelle est la voie à suivre daus des recherches originales. Tout cela a été fait sans qu'aucune ressource nouvelle
ait été mise à la disposition du Museum ; c'est à force de bonne volonté
que l'on a suppléé à tout ce qui faisait défaut ; tandis que dans d'autres
établissements un nombreux personnel de maîtres de conférence et de
répétiteurs était créé en vue de boursiers, et que des ressources matérielles considérables étaient mises à leur disposition.

*De l'argent mal dépensé d'un côté, tandis que de l'autre les laboratoires
d'Anthropologie, de Minéralogie, de Botanique, sont dans une misère honteuse. Lorsque avec de minimes dépenses on organiserait tout de suite, dans
des conditions fort acceptables, une installation provisoire qui pourrait
suffire pendant au moins dix ans.*

La répartition des crédits entre les différents services du Museum n'est
pas fixée par l'assemblée, elle est réglée par le ministre ou même par les
Chambres, au moment du vote de ces crédits. Les professeurs n'ont donc
qu'à veiller à ce que les dépenses soient régulièrement faites et bien motivées, à ce qu'aucun virement n'ait lieu sans l'assentiment du ministère. Il
leur serait donc impossible d'avantager un service au détriment des
autres par un acte de bon plaisir. Les seuls articles de budget pour lesquels ils puissent présenter au ministre des propositions, ne comprennent
que des sommes minimes : 25 000 francs pour les *voyageurs-naturalistes*
et 15 000 francs prélevés, au commencement de l'année, sur les fonds
des différents services et destinés à parer aux dépenses imprévues sous
le nom de *Réserve*. Le choix des voyageurs-naturalistes, les subventions
que l'on peut mettre à leur disposition, ainsi que l'emploi des fonds de
réserve, ne sont arrêtés qu'après examen d'une commission spéciale et
discussion en séance générale. Les procès-verbaux en sont envoyés au
ministre, qui seul peut autoriser les dépenses.

Toutes les nominations, depuis celles des professeurs jusqu'à celles des
gardiens de ménagerie ou des garçons de laboratoire, sont faites par le
ministre sur la présentation motivée de l'assemblée ou du directeur. Le
nombre des fonctionnaires attribués à chaque service est fixé et ne saurait être augmenté ou diminué par suite d'une décision de l'assemblée.

Est-on en droit de dire que certains services sont dans un état de *misère honteuse,* et que cette misère soit due à une mauvaise gestion des affaires par l'assemblée du Museum qui distribue mal ses ressources, gaspillant d'une main ce qu'elle enlève de l'autre? Ces imputations ont-elles quelque chose de fondé quand il s'agit de l'Anthropologie, de la Minéralogie et de la Botanique? C'est ce que nous allons examiner.

Les collections d'anthropologie sont, sans contredit, les plus riches du monde; elles comprennent des séries admirables et qu'il serait aujourd'hui impossible de constituer à prix d'argent. Elles ne datent cependant que de 1832, et elles sont dues en majeure partie à l'initiative des professeurs qui ont occupé cette chaire. Ils ont su, malgré l'exiguïté des ressources mises à leur disposition, faire affluer dans leur galerie les objets les plus précieux. Les locaux où ces collections sont préparées ou exposées ne sont certainement pas en accord avec de telles richesses, mais peut-on l'imputer au Museum, qui a toujours élevé la voix pour réclamer contre un tel état de choses. En 1876, l'assemblée demandait que le budget de l'anthropologie fût augmenté de 3300 francs destinés à payer un préparateur et un garçon de laboratoire. Le 6 mai 1879, elle émettait le vœu qu'un laboratoire fût construit dans les terrains de la rue de Buffon. Aucune suite n'a été donnée à cette proposition. En 1882, elle obtenait cependant une satisfaction partielle : un emploi de préparateur était créé par un vote des Chambres.

En même temps elle démontrait la nécessité de la construction d'un laboratoire pour la minéralogie, qui ne peut se développer dans les couloirs où elle est reléguée. Aucun crédit n'a été ouvert pour cet objet, et ce n'est qu'en 1879 qu'elle obtenait une somme de 1200 francs attribuée aux dépenses matérielles de ce service quand elle avait aussi demandé la nomination d'un garçon de laboratoire.

S'il est une branche des sciences naturelles qui ait été l'objet de la sollicitude incessante de l'assemblée des professeurs et du ministre, c'est certainement la botanique que l'on nous accuse de négliger et de laisser dans une honteuse misère. En 1876, la chaire de botanique (classification et familles naturelles) est créée et le laboratoire de la chaire d'organographie est pourvu d'un aide et d'un préparateur, et, en 1880, une chaire de physiologie végétale est instituée et est installée dans des laboratoires nouvellement édifiés. En même temps, de légères améliorations sont apportées au salaire des ouvriers et jardiniers. L'assemblée ne peut accepter, sans protester, l'accusation d'avoir délaissé la botanique pour favoriser d'autres services. Certes, il reste encore beaucoup à faire, elle est la première à le reconnaître comme elle a été la première à le signaler, et, si elle n'a pas encore obtenu tout ce qu'elle avait demandé, et ce qu'elle considère comme nécessaire, ce n'est pas à elle qu'on en doit faire remonter la responsabilité.

A mainte reprise les professeurs ont insisté sur l'avantage qu'il y aurait à l'édification de baraquements provisoires construits économiquement en bois, en briques, en fer et en verre, dans lesquels les collections pourraient se développer à l'aise et sans entraîner les lourdes dépenses et les lenteurs de construction des édifices de pierre. Ils ont fait à M. le ministre des propositions dans ce sens pour les cours de dessin, pour la paléontologie et pour la botanique. Un commencement d'exécution a été donné pour l'établissement d'une salle de dessin et pour les collections d'animaux fossiles.

L'initiative de cette mesure est partie de l'assemblée, ainsi que l'attestent les procès-verbaux de nos séances et les lettres échangées à cette occasion avec l'administration centrale.

Certaines besognes matérielles confiées à une armée d'agents qui, étant fonctionnaires et par conséquent sûrs de conserver leur place, ne font rien qu'attendre patiemment leur retraite.

Le Museum se plaint depuis de longues années de l'insuffisance de son personnel. Ainsi, pour la culture, on ne peut disposer que d'environ trois hommes par hectare, tandis que pour les exploitations particulières on en compte d'ordinaire six, et cependant dans la culture industrielle on peut couvrir un vaste espace de terrain d'une même espèce végétale réclamant des soins identiques et faciles à donner, tandis qu'au Museum il faut réunir côte à côte des plantes de nature différente, de climats divers et qui exigent une surveillance particulière.

A la ménagerie, les gardiens des animaux ont un service tellement chargé qu'ils doivent arriver à six heures du matin, hiver comme été, pour ne partir qu'à la nuit, n'ayant qu'une heure de repos dans la journée, et cela le dimanche ainsi que les autres jours. Accuser nos employés de ne rien faire qu'attendre patiemment leur retraite, c'est bien peu connaître le fonctionnement de nos services, où le travail est d'ordinaire écrasant ; et si l'on a quelquefois conservé de vieux serviteurs dont les forces s'étaient usées pendant de longues années dans un labeur incessant, n'était-ce pas pour les plus jeunes un encouragement à bien faire

en même temps qu'une conséquence de l'insuffisance de nos lois de
retraite.

Pour répondre par des faits positifs au reproche d'indifférence et de
paresse qui est adressé à nos collaborateurs, nous demandons à citer
ici un exemple pris dans le laboratoire d'anthropologie et qui démon-
trera avec quelle ardeur le personnel du Museum se dévoue aux intérêts
de la science.

Nous affirmons que des faits semblables pourraient être constatés dans
tous les autres services du Museum.

Lorsque M. de Quatrefages fut nommé professeur d'anthropologie en
1855, la collection se composait de 1795 pièces. A la fin de l'année
1882, elle en comptait 17 398.

La différence en plus est de 15603 pièces acquises dans l'espace de
vingt-sept ans, ce qui représente une augmentation annuelle moyenne de
de plus de 577 pièces.

Mais cette moyenne, portant sur la période entière, confond les accroissements lents du début et les progrès plus rapides des années suivantes. Voici les relevés qui figurent aux *Rapports annuels* pour la période
quinquennale 1878-1882 :

1878..........	1150 pièces.	1881..........	1378 pièces.
1879..........	1481 »	1882..........	1280 »
1880..........	1173 »		

Moyenne annuelle, près de 1300 pièces.

Si l'on tient compte de la nature des objets que réunit une collection
purement anthropologique, on devra reconnaître que c'est là un résultat
considérable.

Sur ces 6462 objets, 4559 ont été donnés gratuitement ; une grande
partie provient des missions scientifiques organisées par le gouvernement
français ; mais un grand nombre de pièces, et plusieurs des plus importantes, sont dues à la libéralité de simples particuliers, voyageurs et
autres. Les noms des principaux donateurs figurent dans les *Rapports
annuels.*

Les employés chargés de la mise en état de ces richesses scientifiques
attendent-ils les bras croisés l'heure de leur retraite? Pour se convaincre
du contraire, il suffit de parcourir la galerie. On verra comment, malgré
les difficultés qu'entraîne un local absolument insuffisant, les squelettes

têtes, moulages, etc., sont disposés dans le seul ordre possible, et comment on a mis à profit tout l'espace disponible.

Telle qu'elle est, la collection anthropologique du Museum est de beaucoup supérieure à toutes les collections de même nature. Nulle part un aussi grand nombre de races humaines ne sont représentées par leurs têtes osseuses ; nulle part il n'existe rien de comparable à nos séries de squelettes, de moules de faces, de bustes de nègres de diverses races, de photographies ; nulle autre part on ne trouve d'échantillons aussi complet des races humaines fossiles.

Toutes les personnes attachées à la chaire d'anthropologie ont donc fait preuve d'activité constante au point de vue matériel.

Il en est de même au point de vue intellectuel. Les *Rapports annuels* contiennent les titres des publications diverses faites par le professeur et ses aides. Ces publications sont nombreuses, et il en est dont l'importance ne saurait être contestée.

Les collections n'ont pas servi seulement aux travaux de ceux qui sont chargés de leur installation et de leur entretien, de nombreux savants étrangers ou français sont venus y puiser des matériaux de travail. Il serait trop long de les énumérer ici. Il suffira de citer le Dr Broca, dont la mort prématurée a été une si grande perte pour la science.

En outre, des étudiants en médecine, des élèves de l'École des beaux-arts, des artistes sculpteurs, peintres ou dessinateurs, viennent chaque année travailler dans la galerie d'anthropologie.

Les conférences pratiques, faites par M. le Dr Hamy, aide-naturaliste et auxquelles concourent les deux préparateurs MM. les Drs Verneau et Delisle, sont chaque année suivies par des élèves de choix, dont plusieurs ont acquis une réputation universellement acceptée. Parmi eux, ont figuré l'abbé Debaise et le Dr Crevaux, tous deux martyrs de la science ; MM. Harmand, de Brazza, Charnay, Raffray, Montano, Revoil, etc., qui tous sont connus aujourd'hui par de hardis voyages et d'importantes publications.

Il est encore un autre moyen de démontrer toute l'activité qui anime le personnel scientifique du Museum.

Depuis plusieurs années, chaque professeur du Museum publie annuellement un rapport succinct sur les travaux de toute nature accomplis dans son laboratoire.

La réunion de ces rapports forme une brochure qui est envoyée à tous les députés.

Ces rapports n'ont pas été écrits pour le bien de la cause actuelle ; ils ont été rédigés pendant une période de calme, alors que le Museum après avoir victorieusement repoussé une attaque analogue à celle qui se produit aujourd'hui, pouvait se croire désormais à l'abri de semblables assauts. Ils sont donc dignes de foi ; et d'ailleurs si les doutes s'élevaient sur leur sincérité, il serait bien facile d'en vérifier le contenu : en les examinant, il est donc facile de juger l'activité scientifique du Museum.

Ces rapports font connaître le mouvement des collections, le chiffre des acquisitions nouvelles par voie d'achat, d'échange ou de don ; celui des sorties motivées par diverses raisons ; les travaux de détermination, etc.

Les règles de la comptabilité matérielle qui régit tous les laboratoires permettent de contrôler tous les nombres portés au rapport.

Mais ces rapports parlent aussi du mouvement intellectuel dont chacune de nos chaires est le centre ; ils font connaître les publications scientifiques dues aux professeurs, à leurs aides et à leurs préparateurs : ils font comprendre l'influence qu'exerce, sur les progrès de la science qu'il représente, le professeur, qui est entouré de nombreux élèves, qui forme des naturalistes et prépare les savants qui le remplaceront un jour.

Ces rapports signalent aussi les étrangers qui sont venus puiser dans les galeries des sujets de travaux et mettre à profit des richesses scientifiques que la France leur abandonne généreusement.

Ces rapports enfin font connaître les *desiderata* de chaque chaire et montrent que les services rendus à la science par le Museum justifient bien les augmentations de crédit que nous réclamons depuis longtemps.

Achats considérables sans adjudication.

Les dépenses du Museum sont pour un même objet rarement considérables et elles n'atteignent jamais 20 000 francs, somme à laquelle les adjudications sont exigées. Les plus fortes sont celles de bois, de charbon et celle des vivres destinées aux animaux vivants.

Pour le combustible, nous nous conformons au marché passé par le ministère de l'instruction publique et qui s'applique en même temps aux Facultés et à l'École normale supérieure. Pour les vivres, nous suivons la mercuriale officielle des marchés publics ; et si nous ne pouvons procéder par adjudication, c'est à raison de la diversité des genres de nourriture de nos animaux qui se renouvellent incessamment et dont l'alimentation doit varier suivant les espèces. Les acquisitions ne peuvent donc se faire qu'au fur et à mesure des besoins du service et souvent à la halle.

Frais généraux répétés.

Les petites dépenses courantes, consistant en menus objets, tels que savon, allumettes, affranchissement de lettres et imputables au budget de chaque service, sont l'objet de notes mensuelles et particulières certifiées par le professeur et l'aide-naturaliste responsables, et contresignées par le directeur. Ce mode de procéder nous semble de nature à assurer un contrôle plus sérieux et une surveillance plus efficace que si ces dépenses étaient centralisées.

Autant de fournisseurs différents d'un même objet qu'il y a de services.

Les fournisseurs sont choisis d'après la nature des objets qu'ils débitent et il ne pourrait y avoir que des inconvénients à créer une sorte de monopole au profit de l'un d'eux, car si les prix n'étaient pas augmentés la qualité des marchandises ne pourrait qu'en souffrir, tandis qu'en laissant au professeur toute liberté d'action, on peut être sûr qu'il ne consultera que les intérêts de son service et qu'il s'adressera aux fournisseurs répondant le mieux à ses besoins.

Telles sont les réponses qui nous paraissent réfuter complètement les critiques qui nous ont été adressés.

On reconnaîtra, nous l'espérons, que les professeurs du Museum ont fait tous leurs efforts pour remplir dignement la mission scientifique qui leur a été confiée.

IV

RÉPONSE DES PROFESSEURS

AUX QUESTIONS ADRESSÉES PAR LE MINISTRE RELATIVEMENT AUX INVENTAIRES
ET AUX CATALOGUES DU MUSEUM

M. le Ministre de l'Instruction publique a voulu en 1882, connaître l'état des inventaires et des catalogues du Museum.

Nous croyons utile de reproduire ici textuellement les réponses que les professeurs-administrateurs du Museum ont adressées au Ministre.

Ces documents prouveront avec quel soin et quel dévouement à la science notre Museum d'histoire naturelle est administré.

ANATOMIE COMPARÉE

Inventaire. — L'inventaire d'entrée est au courant. Chaque objet entrant au Laboratoire est catalogué sous un numéro composé du millésime et d'un numéro d'ordre recommençant chaque année.

Ce registre a été tenu depuis 1832.

En même temps que l'objet est porté au livre d'entrée, il est fait une carte correspondante avec l'indication du lieu où a été placé l'objet. Ces cartes sont disposées dans l'ordre zoologique, et permettent toujours de retrouver l'objet. Elles représentent directement l'état des magasins. L'emploi ou la destruction ultérieure de l'objet sont portés au registre. Quant il sort du Laboratoire la la carte est supprimée. Toutefois, lors de mon entrée en fonctions il existait un très grand nombre d'objets au magasin qui n'avaient jamais été portés au livre d'entrée, l'entrée en a été progressivement faite dans les mêmes conditions en ajoutant seulement la mention *Ancien fonds*. De même beaucoup d'objets qu'il a fallu extraire de la collection pour cause de mauvais état sont portés au livre d'entrée avec la mention *Rentrée de la galerie*. Les objets de diverses provenances régulièrement catalogués existant actuellement dans les magasins de la chaire d'Anatomie comparée, sont au nombre de 4500. Il reste encore environ 2000 objets de l' « Ancien fonds » à cataloguer. Ce travail pourra être terminé dans dix-huit mois ou deux ans.

Catalogue. — Depuis la création de la galerie d'Anatomie par Cuvier, il n'a jamais été fait de catalogue scientifique de la collection. Ceci est d'autant plus regrettable que la plupart des pièces qui la composent ont une histoire, ayant servi de types à des descriptions d'objets, à des mémoires, de modèle à des vélins ou à des planches publiées.

Toutefois, il y a une quinzaine d'années, une sorte d'inventaire fut dressé. On appliqua sur chaque objet, fût-ce un squelette de Girafe ou d'Éléphant, une paillette de papier gommé mesurant 7 à 8 millimètres, portant un numéro en chiffres romains, correspondant à la salle, et un autre en chiffres arabes recommençant à chaque salle. On avait eu l'idée dans une galerie d'Anatomie comparée, de donner à la couleur de ces paillettes une valeur géographique. L'indication de la paillette était reportée sur une carte mobile et ces cartes à leur tour furent transcrites sur de petits cahiers qui seuls subsistent aujourd'hui et sont de quelque usage.

Les inconvénients de ce système étaient trop manifestes. En premier lieu les indications portées sur les cartes et sur les cahiers sont très brèves. Le travail a été entièrement fait par des préparateurs. Les paillettes de papier gommé n'offrent aucune sécurité. Plusieurs centaines de bocaux descendus aux caves pendant le siège ont perdu leurs paillettes. Enfin la numération employée ne permettait pas de transporter une pièce d'une salle dans une autre sans tout un maniement d'écritures.

Déjà lors de mon premier passage au Museum, j'avais entrepris un catalogue descriptif de la collection. Il fut interrompu par l'ordre du professeur d'alors. Je l'ai fait reprendre ; en voici le principe :

Chaque pièce porte un numéro indélébile, en caractères proportionnés à ses dimensions. Ces numéros forment une série unique depuis 1 jusqu'à ..... numéros. Afin d'être reconnue et toujours distinguée de toute autre indication en chiffres, elle est précédée de la lettre A. Ces numéros se répètent sur une série de registres solidement reliés où l'on a soin de laisser beaucoup de blancs et où sont portés tous les renseignements qu'on peut recueillir concernant chaque pièce ; son origine, le nom de celui qui l'a faite, les descriptions ou les figures qu'on en a données, les indications *même fausses* qu'elle a pu porter, le numéro de la paillette qu'elle avait dans l'ancien système, la transcription de son ancienne étiquette, les observations auxquelles elle a pu donner lieu de la part de savants étrangers au Museum, etc., etc. Chaque article est de plus daté et signé de celui qui l'a rédigé. On conçoit qu'un pareil travail exige un très long temps, surtout alors que l'aide-naturaliste ne peut pas s'y consacrer d'une façon exclusive. Deux personnes y ont travaillé dens la mesure du possible depuis dix-huit mois. A l'heure présente 3750 numéros de ee catalogue sont faits. La collection d'Anatomie comparée renfermant près de 20 000 objets, il ne faudrait pas compter voir achever le catalogue avant cinq ou six ans, en admettant même que deux personnes continuent d'y travailler.

Classement des collections. — Le nombre considérable de pièces qui ont dû, pour une cause ou pour une autre, rentrer au magasin, permettra de disposer encore pendant quelques années de la place nécessaire pour les préparations molles ou pour les squelettes de petits animaux. Mais la collection des Bœufs est reléguée et entassée dane un endroit où elle demeure inaccessible au public. Deux grands squelettes de Cétacés, dont on peut estimer la valeur à 40 000 francs au moins, se détériorent journellement sous des abris qui ne les préservent pas des injures de l'air. Enfin, huit autres squelettes de Baleines dont les plus grands mesurent de 22 à 23 mètres, et les plus petits 10 mètres attendent une place suffisante pour être montés et exposés au public.

Le professeur d'Anatomie comparée,

G. Pouchet.

ANTHROPOLOGIE

Inventaire. — L'inventaire d'entrée des collections anthropologiques est au courant. Il est fait avec détail.

Catalogue. — Il n'existe pas de catalogue méthodique, scientifique. Mais le catalogue proprement dit, contenant le nombre et la nature des objets en collection, indiquant avec détail les provenances, est rédigé jusqu'au n° 7135. En outre, mon aide-naturaliste, M. Hamy et moi, avons mesuré, écrit et publié tout ce que la galerie renferme d'important en fait de documents craniologiques dans les *Crania Ethnica*, ouvrage en 2 volumes grand in-4°.

Les feuilles d'observations, rédigées par M. Hamy, renferment à peu près tous les éléments d'un catalogue scientifique qui pourrait être assez facilement complété et représenterait deux volumes in-8°.

Classement. — Le classement de la collection est forcément incomplet par suite de l'insuffisance du local, déjà bien des fois signalée. Les pièces qui forment ce local sont aujourd'hui encombrées de vitrines au point de ressembler plutôt à un magasin qu'à une galerie publique. Néanmoins, une partie des colletions n'a pu y trouver place et a dû être reléguée dans le laboratoire et dans les greniers.

D'ailleurs, on comprend que la partie la plus importante des collections a été choisie avec soin et mise sous les yeux du public. Les objets conservés en magasin sont, en outre, mis à la disposition des savants sérieux qui désirent les étudier.

Le Professeur d'Anthropologie,

DE QUATREFAGES.

ZOOLOGIE (MAMMIFÈRES ET OISEAUX)

Inventaires. — L'inventaire d'entrée est-il au courant?
Est-il fait en détail?
S'il n'est pas au courant, combien de pièces restent à inscrire?
Quel temps ce travail prendrait-il?
A quelle période se rapportent ces lacunes?

L'inventaire d'entrée des collections, dont la charge m'est confiée, est parfaitement au courant. Chaque objet aussitôt remis dans mon laboratoire est immédiatement déterminé et *nominativement* inscrit sur le catalogue d'entrée où il porte un *numéro spécial*. Cette inscription est donc faite dans le plus grand détail, ainsi qu'on peut s'en assurer en jetant les yeux sur cet extrait de notre inventaire de 1880.

ENVOI DE M. MARCHE.

Registre d'inventaire du laboratoire. Entrée 1880, n° 39.
Registre général de l'Administration, n° 443.

NUMÉROS D'INVENTAIRE.	NOMS SCIENTIFIQUES.	LOCALITÉS.	EMPLOI DES OBJETS REÇUS.
2067	*Accipiter stewensoni*, Garn..	Dolores (Luçon)..	Galerie ornithologique 663 [D].
2068	Idem.	Idem.	Galerie ornithologique 663 [E].
2069	Idem.	Idem.	Galerie ornithologique 663 [F].
2070	Idem.	Idem.	Meuble K, tiroir 7.
2071	Idem.	Idem.	Galerie ornithologique 663 [G].
2072	*Spilornis holospilus*, Vig.....	Sariojo (Luçon)...	Sorti en 1880, n° 21.
2073	Idem.	Idem.	Sorti en 1880, n° 18.
2074	Idem.	Dolores (Luçon)..	Sorti en 1880, n° 24.
2075	Idem.	Calawan (Luçon).	Sorti en 1880, n° 20.
2076	Idem.	Dolores (Luçon)..	Sorti en 1880, n° 22.

Aucune pièce n'est en retard d'inscription. De plus un registre par ordre alphabétique comprend le nom des donateurs avec indication des numéros des objets offerts par eux.

Catalogue. — *Où en est le catalogue descriptif et méthodique de la collection? S'il est achevé, pourrait-il être imprimé tel quel ou abrégé? S'il n'est pas achevé, que reste-t-il à faire?*

Le catalogue méthodique de la collection est entièrement fait. Tous les Mammifères et les Oiseaux de la galerie sont rangés suivant l'ordre de classification et inscrits sur le registre scientifique de la galerie, sous un numéro particulier, indépendant du numéro d'inventaire d'entrée, qui est également indiqué sous le plateau ou sous le pied de l'animal, afin de remonter à sa source et de le suivre dans toutes ces mutations. Cet inventaire comprend neuf gros volumes in-folio, et un répertoire par ordre alphabétique pour les genres.

Le modèle ci-joint, copié sur ce registre, en fera comprendre le mode de rédaction.

CATALOGUE MÉTHODIQUE DE LA GALERIE.

NUMÉROS DE GALERIE.	NOMS SCIENTIFIQUES.	SEXE.	LOCALITÉS.	PROVENANCE.
10315	*Zosterops montana* (M.)..	»	Borneo.........	Acquis à M. Verreaux, 1851-144.
10316	*Helaia frontalis* (M.).....	»	Timor	Coll. Verreaux (J.), 1873-701.
10317	*Paradisea apoda* (L.).....	♂	Nouvelle-Guinée.	Sorti en 1881, n° 7.
10317 bis.	Idem.	»	Iles Aron.......	Acquis à M. Maingonnat, 1880-1566.
10318	*Paradisea minor* (Sh.)...	♂	Nouvelle-Guinée.	Coll. Verreaux, 1873, n° 300.
10319	*Paradisea raggiana* (Scl.).	»	Port Moresby...	Envoi du Dr Charnay, 1879-2368.
10320	Idem.	»	Idem.	Envoi du Dr Charnay, 1879-2369.
10321	*Paradisea sanguinea* (Sh.).	♂	Batanta........	Acquis à M. Raffray, 1878-2593.
10322	*Cicinnurus regius* (L.)....	♂	Misol..........	Coll. Verreaux, 1873-684.
10323	Idem.	♀	Nouvelle-Guinée.	Voyage de la *Coquille*, Lesson et Garnot, individu figuré dans l'atlas du voyage.
10323 bis.	*Schlegelia respublica* (Bp.).	♂	Waigiou........	Acquis à M. Raffray, 1878-2549.
10324	Idem.	♀	Idem.	Acquis à M. Raffray, 1878-2550.
10325	*Lophorhina superba*......	♂	Monts Arfaks (Nouv.-Guinée).	Acquis à M. Raffray, 1878-2551.

Aucune description n'accompagne cette énumération et elle ne pourrait pas être imprimée telle quelle.

L'impression d'un catalogue des Mammifères a été commencée en 1851, et un volume relatif aux Singes et aux Lémuriens a été livré au public, sous le titre de « Catalogue méthodique de la collection des Mammifères. » Mais cette publication a été interrompue faute d'argent.

Ce catalogue n'est pas descriptif, quelques observations suivent l'indication de l'espèce, et cependant le fascicule relatif aux Singes, comprenant l'énumération de 190 Quadrumanes, se compose de 96 pages. C'est une moyenne d'environ deux espèces par page. Or nous possédons environ 2000 espèces de Mammifères et 10 000 espèces d'Oiseaux, il faudrait donc, pour en publier le catalogue sur le même plan que celui qui est commencé, 12 volumes in-8° de 500 pages chacun.

Ce serait une œuvre très considérable et qui ne pourrait être menée à bonne fin avec le personnel restreint attaché à la chaire, puisque l'unique aide-naturaliste, chargé du service du laboratoire, a son temps absorbé par la détermination des objets qui entrent ou par ceux qui sont distribués aux Musées de province, et enfin par le service du cours. Il faudrait donc que le professeur fût secondé dans la rédaction des catalogues par des hommes spéciaux, auxquels une rémunération serait attribuée.

Classement des Collections. — Tous les objets préparés sont rangés dans la galerie ou dans les annexes de la galerie (1); mais beaucoup d'autres pièces devraient être montées pour prendre place dans la collection, et si elles ne le sont pas immédiatement, c'est à raison du nombre trop restreint des préparateurs taxidermistes. En effet, la chaire de Zoologie (Mammifères et Oiseaux) reçoit en moyenne par an 3000 animaux qui, après une étude préliminaire, sont distribués en deux groupes, l'un qui doit être conservé, l'autre qui est distribué aux Musées départementaux ou étrangers, aux Facultés de l'État, aux Lycées, aux Écoles primaires, etc.

Environ 15 à 1700 objets sont répartis chaque année, il reste donc à peu près le même nombre de pièces qu'il est utile de conserver pour l'étude; or les préparateurs ne peuvent en monter par an que de huit à neuf cents, il y a donc chaque année un certain nombre de Mammifères et d'Oiseaux qui prennent place dans les magasins. Je ferai remarquer qu'ils sont tous déterminés, inventoriés, et rangés méthodiquement, de façon à permettre de les trouver immédiatement et de les étudier facilement.

(1) Depuis quelques années, les travaux de reconstruction des galeries de Zoologie ont nécessité de fréquents déplacements des collections. Quelques animaux, les Ruminants du groupe des Moutons et des Chèvres, ainsi que les Carnassiers amphibies sont relégués dans une galerie sans air et sans lumière où ils se détériorent rapidement et, malgré les réclamations du professeur, aucun remède n'a été apporté à cet état de choses.

Le professeur a d'ailleurs soin de faire figurer dans les galeries toutes les *pièces uniques ou remarquables* et de ne conserver en magasin que celles qui offrent moins d'intérêt, mais qu'il est utile de consulter pour se rendre compte des variations dues à l'âge ou au sexe, ainsi que de la distribution géographique. D'après ce système, toutes les espèces sont représentées à la galerie, et les tiroirs du laboratoire ne renferment que des pièces devant constituer des matériaux d'étude pour les zoologistes ou des réserves destinées à remplacer les objets détériorés, dans les vitrines, par l'action de la lumière.

Le professeur de Zoologie,

A. Milne Edwards.

ZOOLOGIE (REPTILES, BATRACIENS ET POISSONS)

Inventaire. — Le catalogue des entrées depuis sa création est régulièrement tenu à jour, chaque objet y est inscrit sous son nom spécifique, à moins qu'il ne s'agisse d'espèces nouvelles ou critiques, auquel cas l'inscription a lieu sous le nom le plus rapproché avec indication spéciale.

Catalogue. — Il n'y a jamais eu de catalogue descriptif, l'*Erpétologie générale* (9 volumes) de Duméril et Bibron d'une part ; l'*Histoire naturelle des Poissons* (22 volumes) de Cuvier et Valenciennes ; les 2 volumes parus de l'*Ichthyologie générale* d'A. Duméril, d'un autre côté, travaux auxquels il faut joindre différents mémoires publiés soit par le professeur, soit par l'aide-naturaliste dans les *Archives du Museum*, peuvent être regardés comme en tenant lieu, mais ne donnent qu'une idée incomplète de nos collections erpétologiques et ichtyologiques.

Le catalogue méthodique de la collection des Reptiles est au courant. Pour les Poissons, il est loin d'en être de même. Le travail commencé sous Auguste Duméril avait été fait pour environ 7 groupes (sous-classes des *Elasmobranches*, des *Ganoïdes*, des *Lophobranches*, *Famille des Esocideæ*, des *Scarideæ : Lutodeira, Doras, Synodontes, Aylopon*), comprenant en tout 2148 numéros. Depuis 1872, on a commencé la revision des poissons Acanthoptérygiens, le nombre des inscriptions dépasse 7000 ; 27 familles sont terminées (*Percidées, Cirrhitidées, Berycidées, Trachynidées, Polynémidées, Sphyrénidées, Mullidées, Triglidées, Platycéphalidées, Scorpénidées, Gastérostéidées, Scienidées, Pristipomatidées, Sparidées, Pomacentridées, Ménidées, Gerridées, Squammipennes, Mastacembliées, Labyrinthicidées, Mugilidées, Athérinidées, Blenniidées, Gobiidées, Batrachidées, Fistularidées, Centriscidées*). On peut estimer que ce qui est fait représente le quart ou le cinquième de la collection ichthyologique. A côté du catalogue scientifique existe un catalogue général répondant aux numéros de parchemin à jour, donnés à chaque exemplaire au moment de son entrée dans les collections. Ce catalogue, commencé en 1861 et qui assure les déterminations au cas où les étiquettes viendraient à s'altérer, comprend aujourd'hui 5928 numéros pour les Reptiles et 14 700 pour les Poissons.

Enfin, des fiches, sur lesquelles sont inscrits les différents animaux au fur et à mesure de leur entrée aux collections et qui servent à l'établissement du catalogue méthodique, sont conservées, on y colle les anciennes étiquettes, souvent précieuses, car elles sont la plupart du temps écrites de la main même de l'auteur de l'espèce, c'est on peut dire l'état civil de chaque échantillon. Les fiches sont classées par ordre alphabétique ce qui constitue un catalogue nouveau donnant à côté de la table méthodique une table alphabétique de la collection. Ces fiches n'existent que pour les familles de Poissons faites depuis 1872.

Deux fascicules contenant une partie du catalogue méthodique de la collection des Reptiles ont été publiés en 1851 par Constant et Auguste Duméril, ce dernier a exprimé plusieurs fois le regret d'avoir été empêché, par des circonstances indépendantes de sa volonté, de poursuivre cette publication. Si l'on admettait que l'on continuât dans la forme desdits fascicules, on peut estimer qu'il faudrait approximativement pour les Reptiles un volume grand in-8° de 800 à 1000 pages, soit triple ou quadruple de ce qui a déjà paru. Quant aux Poissons, il n'est guère possible de se faire une idée à cet égard vu l'installation actuelle de la collection.

Classement de la collection. — L'état dans lequel se trouvent aujourd'hui les locaux destinés à recevoir les collections erpétologique et ichthyologique, ne permet, surtout pour cette dernière, qu'un emmagasinement provisoire des objets, mais non un classement régulier et commode pour l'étude.

Dans les armoires de la galerie sont accumulés ce qu'on a pu mettre de bocaux, disposés parfois sur 7 ou 8 rangs de profondeur. Un grand nombre d'objets ne pouvant, malgré cela, y prendre part, on a dû les déposer soit dans une pièce (ancien corps de garde), que l'Administration veut bien mettre à notre disposition, soit dans le laboratoire, tellement encombré qu'il devient fort difficile d'y faire les déballages et les classements préparatoires lors des entrées. Malgré toutes ces difficultés, la disposition des objets est assez méthodiquement faite pour qu'il soit possible de trouver tel exemplaire demandé, bien que cela réclame le plus souvent un travail et une perte de temps considérables.

Par suite de cet état de choses, il est absolument impossible de classer comme elle le mériterait la collection d'Ichthyologie, si remarquable à tant d'égards. Joignez à cela l'insuffisance numérique du personnel réduit de quatre à trois employés par suite de la suppression du second aide-naturaliste, la difficulté pour l'étude et la surveillance des collections résultant de leur éloignement du laboratoire et l'impossibilité où se trouvent la plupart du temps le professeur et les autres personnes du service de pouvoir pénétrer dans la deuxième salle des Poissons, prise pour faire les différents cours de Zoologie. D'ailleurs, j'ai si souvent attiré l'attention de l'administration supérieure sur ces faits qu'il est inutile d'y insister ici d'avantage. Voir l'extrait ci-joint du rapport présenté à l'assemblée le 24 avril 1877, et, dans le dernier des Rapports annuels, de MM. les professeurs pour 1881 (p. 64).

Le professeur de Zoologie,

Léon Vaillant.

ZOOLOGIE (ANIMAUX ARTICULÉS)

Inventaire. — Il est parfaitement au courant, il est fait en détail.

Les objets qui arrivent, 8000, 12 000 et même 20 000 dans le cours d'une année, sont tout d'abord soumis à une préparation comme pour prendre place dans la collection. Ils sont ensuite inscrits aux *catalogues des entrées ;* chaque espèce sous un numéro particulier du nombre d'individus. Tout individu, fût-ce le plus infime moucheron, porte le numéro inscrit au catalogue et peut ainsi être promptement trouvé.

Catalogue descriptif et méthodique. — M. E. Blanchard a commencé la publication d'un tel catalogue. Il en parut deux cahiers, 1850-51, soit un demi-volume, gr.-8°, 240 pages, contenant l'énumération de 1768 espèces, avec la citation des ouvrages où les espèces se trouvent décrites et la description des espèces nouvelles. Ce catalogue rédigé avec des soins infinis, grâce à son caractère vraiment scientifique, est toujours consulté et cité. Aux jours de sa publication, l'auteur alors jeune, aurait longtemps poursuivi l'œuvre commencée, mais l'éditeur jugeant les frais d'impression trop considérables, déclara suspendre la publication. 50 volumes auraient été nécessaires.

Actuellement, aucun catalogue n'est préparé pour l'impression. Rédiger un ouvrage colossal qui d'une année à l'autre serait à refondre et presque à recommencer eût été le plus mauvais emploi du temps.

Classement des collections. — De grandes parties de la collection sont classées et ce classement défie toute comparaison. Nulle part ailleurs qu'au Museum d'histoire naturelle, il n'y a une collection d'Insectes rangée d'une manière aussi parfaite.

Toutes les espèces ont des étiquettes bien écrites où se trouvent le nom scientifique, le nom de l'auteur qui a décrit l'espèce, le nom du pays, le nom du voyageur ou donateur (ainsi chaque tiroir contient en réalité le Catalogue des espèces qui s'y trouvent renfermées. On y suit les variations de l'espèce, l'extension géographique, etc.). Le travail exécuté est prodigieux, mais des parties considérables de la collection n'ont pu encore être l'objet d'un classement définitif. Pour l'étude et la préparation de centaines de millions d'espèces d'individus, le personnel est tout à fait insuffisant.

Néanmoins tout est entretenu avec le plus grand soin. Les insectes, Arachnides et Crustacés, sont en général bien groupés par familles, genres et espèces.

La collection d'Insectes, classée d'une manière définitive, est logée en partie dans les galeries, en partie dans la maison (55, rue Cuvier) où s'effectuent les travaux de préparation et de détermination.

La collection des nids, des cocons, des altérations produites sur les végétaux, se trouve dans les galeries installée dans de déplorables conditions.

La collection de Crustacés est en grande partie dans les laboratoires de la rue de Buffon. Les espaces dont on dispose ne permettent pas qu'il en soit autrement.

Le professeur de Zoologie,
Émile BLANCHARD.

ZOOLOGIE (ANNÉLIDES, MOLLUSQUES ET ZOOPHYTES)

1° *L'inventaire d'entrée est-il au courant ;*
Depuis 1865, date de la nomination au Museum de M. de Lacaze-Duthiers, l'inventaire d'entrée a été tenu avec la plus grande régularité et il est complètement au courant pour tout ce qui est entré depuis cette époque.

Pour les périodes antérieures, il n'existe dans les archives du laboratoire que des registres incomplets, mais l'étude des animaux constituant le service dit de la Malacologie n'a pris tout son développement que durant cette époque et il était difficile de cataloguer des êtres non encore décrits, dont les affinités étaient douteuses et que le personnel du laboratoire réduit à un seul aide-naturaliste et à un préparateur au matériel suffisait à peine à préserver de la destruction et à classer d'une façon approximative. Durant cette période, le nombre des échantillons de la collection s'était élevé de 10 000 à 15 0000.

2° *L'inventaire est-il fait en détail ?*
A l'arrivée de chaque envoi, on inscrit sur le livre d'entrée avec le nom du donateur, la provenance, la localité et la date de l'arrivée, le nombre des

échantillons reçus, ainsi que le nombre approximatif d'espèces, de genres, auxquelles appartiennent les animaux de chaque classe. Le nombre des espèces qui ressortissent au laboratoire de Malacologie avoisinant 500 000, une détermination immédiate et rigoureuse de tous les échantillons à mesure qu'ils arrivent est d'impossibilité absolue, avec un personnel aussi restreint que celui dont dispose le professeur.

La numération des échantillons est elle-même impossible lorsqu'il s'agit d'êtres microscopiques ou vivant en colonie que l'on peut fragmenter à volonté.

Le travail de détermination rigoureuse sauf pour le cas où il y a présomption d'espèces nouvelles, se fait méthodiquement à mesure qu'avance le travail de revision dont il sera question plus loin. On aura une idée de l'impossibité d'une détermination immédiate si l'on songe que le personnel du laboratoire se réduit à deux aides-naturaliste et qu'il est entré dans les collections :

En 1878	6,500	échantillons.
En 1879	3,823	—
En 1880	2,761	—
En 1882	12,629	—
Soit pour quatre ans un total de...	25,713	échantillons.

3° *Combien de pièces reste-t-il à inscrire? Quel temps ce travail prendrait-il. A quelle période se rapporte cette lacune?*

Nous avons dit que les lacunes de l'inventaire se rapportaient à une période antérieure à 1865. Le travail d'inventaire serait à reprendre pour tout ce qui représentait la collection avant cette époque ; en raison des révisions qui ont été faites depuis, un assez grand nombre de pièces sont cependant cataloguées et toutes le seront quand ces revisions seront terminées, mais ce travail est lent, ne peut se faire que dans un ordre méthodique et demandera au moins quinze ans au personnel actuel du laboratoire. Pour procéder à un inventaire purement administratif li faudrait, ce qui est impossible, suspendre pendant deux ans au moins tout le travail des entrées, des revisions et des recherches scientifiques, ou confier le travail d'inventaire à un fonctionnaire spécial qui devrait être un homme de science fort versé dans toutes les branches de la Malacologie Un pareil inventaire ne présenterait d'intérêt que si les pièces étaient toutes dénommées, ce qui fait la valeur d'un échantillon c'est sa rareté ; deux coquilles presque semblables valent l'une quelques centimes, l'autre quelques centaines de francs, il serait donc inutile de faire un travail rétrospectif qui ne tiendrait aucun compte de ces valeurs si diverses.

4° *Où en est le catalogue descriptif et méthodique de la collection?*

Depuis 1876, date de sa nomination, le professeur actuel a organisé dans son service, une revision méthodique des collections ayant pour but la publication d'un catalogue descriptif complet, constituant en même temps un inventaire.

Pour y parvenir en raison de la multitude des espèces ressortissant à son service (plus de 500 000), du nombre immense de publications auxquelles elles ont donné lieu et de la nécessité, pour arriver à constituer une œuvre définitive, de dépouiller toutes les publications et d'avoir une idée exacte des espèces auxquelles elles se rapportent. Le travail des aides-naturalistes a été organisé de la façon suivante :

Outre le service d'entrée, des échanges, des dons, des déterminations courantes, etc., chaque aide-naturaliste (ils ne sont que deux) reçoit successivement dans l'ordre méthodique les parties de la collection dont il est chargé. Il est tenu pour cela.

1° D'entreprendre les unes après les autres l'étude monographique des familles dans l'ordre assigné par le professeur.

2° De faire le dépouillement de tous les ouvrages qui ont traité de la famille qu'il étudie ; de relever dans les ouvrages tous les noms spécifiques qui s'y trouvent, d'inscrire les noms sur des cartes séparées et d'inscrire sur ces cartes l'indication des auteurs successifs qui ont employé ces noms et les ouvrages où ils les ont consignés. On arrive par la comparaison de ces auteurs, à savoir si le même nom a toujours été appliqué au même objet, et à relever les erreurs extrêmement nombreuses de dénomination qui ont été faites ; ce travail de critique permet d'éviter les erreurs dans la collection du Museum, qui doit être une collection type.

3° — Le dépouillement et la critique des espèces une fois faits, il est établi une carte spéciale par chaque espèce, carte portant en tête le nom dénominatif que cette espèce doit recevoir. Au-dessous de ce nom sont énumérés par ordre de date tous les noms que l'espèce a portés et tous les auteurs qui se sont servis de ces noms, cette seconde série donne immédiatement la liste des espèces constituant une famille donnée, ces espèces étant connues, il devient facile de déterminer sûrement celles qui existent au Museum, de savoir celles qui manquent, de prendre les mesures nécessaires pour les ajouter à la collection le plus promptement et le plus économiquement possible, de distinguer les espèces nouvelles et les de décrire.

Ces deux séries de cartes, celle relative à la liste des noms, celle relative à la liste des espèces sont reliées par un système de renvois qui permet de retrouver chaque espèce dans la collection, quel que soit le nom sous lequel elle est demandée.

La revision étant terminée, la liste des espèces qui la représente au Museum est inscrite sur un registre spécial constituant le catalogue détaillé de la collection. Chaque échantillon, muni d'une étiquette indiquant son nom, sa provenance, le nom de son donateur, la date de son entrée dans la collection, est pourvu d'un numéro d'ordre ; toutes ces indications sont répétées sur le catalogue définitif. Enfin, tout ce travail, qui a abouti à la constitution d'un catalogue est publié dans les *Archives du Museum* sous ce titre : « *Révision de la famille des* » . Ces revisions constitueront un jour le catalogue descriptif de la collection.

Sont déjà publiées :

1° En 1872. — Étude sur l'organisation des Lombriciens terrestres, par M. Edmond Perrier, 1 vol. in-4° de 108 pages et 4 planches ;

2° En 1875 et 1876. — Revision de la collection de Stellérides du Museum, par M. Edmond Perrier, 1 vol. in-8° de 384 pages;

3° En 1878. — Revision des Tellinidés du Museum, par M. Victor Bertin, aide-naturaliste. 1 vol in-4° de 161 pages et 2 planches;

5° En 1880. — Revision des Garridés du Museum, par M. Victor Bertin, 1 vol. in-4° de 72 pages et 2 planches;

6° En 1881. — Revision des Donacidés du Museum, par M. Victor Bertin, 1 vol. in-4° de 77 pages et 2 planches.

Sont sous presse :

7. Revision des Muricidées, par M. Poirier, aide-naturaliste ;

8. Revision des Chitonidés vivants et fossiles du Museum, par M. le docteur de Rochebrune, aide-naturaliste.

Sont prêtes pour l'impression :

9. Revision des Strombidées, par M. Poirier, aide-naturaliste.

10. Revision des Mollusques pulmonés des iles Canaries, par M. Mabille, naturaliste auxiliaire.

D'autres parties de la collection ont été revues avant qu'un plan de publication ait été arrêté et ont été classées sans donner lieu à un travail semblable au précédent, et leur catalogage n'est qu'une affaire de copie :

Les Gastrochenidés, par M. Deshayes;

Les Dentales, par M. Deshayes;

Les Pholadidés, par M. Deshayes;

Les Aspergillidés, par M. Ed. Perrier ;

Les Solenidés, par M. Ed. Perrier ;

Les Turbo et les Troques, par M. le docteur Fischer;

Les Vermets, par M. Léon Vaillant.

Antérieurement, sous la direction de M. Lacaze-Duthiers, plusieurs groupes avaient été revus et catalogués sur cartes et sur registres, ce sont les suivants :

Les Acalèphes, par M. Myère.

Les Bryozoaires, par M. Myère.

Les Helminthes, par M. Myère.

Les Annélides, par M. Myère et Lemirre.

On doit à M. Lacaze-Duthiers d'avoir commencé la revision de la collection et d'avoir fait établir les registres qui constituent le catalogue.

La collection des Helminthes a été depuis revisée et considérablement augmentée par M. Poirier, en vue de mettre cette revision en harmonie avec le plan adopté, il en sera de même pour les parties qui avaient été antérieurement déterminées de la même façon.

Plusieurs parties de la collection ont été revues par des savants étrangers pour des publications générales et ont été cataloguées à la suite de leurs travaux ce sont :

Les Échinidés, par MM. Alexandre Agassiz et Cotteau ;

Les Ophiures, par M. Lyman ;

Les Comatules, par M. Herbert Carpenter ;

Les Méduses, par M. Hœckel ;

Les Éponges de la Méditerranée, par M. Oscar Schmitt.

Il convient d'ajouter qu'avant d'être cataloguées par MM. Myère et Lemirre, les Annélides du Museum avaient fourni la base du grand ouvrage en trois volumes in-8° de M. de Quatrefages, et que la collection des Coralliaires avait de même servi de base au grand ouvrage de MM. Milne Edwards et Jules Haime, qui fait partie, comme celui de M. de Quatrefages, des suites à Buffon, de Roret, et se compose également de trois vol. in-8°.

Il serait urgent que la collection des Coralliaires, dont les échantillons sont actuellement l'objet d'une revision matérielle, fût étudiée de nouveau et cataloguée. Mais le personnel du laboratoire est trop restreint pour que les parties de l'immense service auquel il est attaché, puissent toutes être remaniées simultanément et l'effort porte principalement aujourd'hui sur les Mollusques étudiés par un grand nombre d'amateurs qui réclament à grands cris leur mise au net.

5° Quelles sont les parties de la collection dont le catalogue reste à faire?

Ce sont tous les Mollusques dont il n'a pas été question précédemment. On connaît actuellement près de 100 000 espèces de Mollusques; les familles qui ont été revisées en comprennent environ 3000. On aura une idée du travail qu'exigent ces revisions par les données suivantes :

Pour revoir les Chitonidés, qui comprennent 310 espèces, M. de Rochebrune a dû compulser 309 volumes écrits dans toutes les langues. Pour sa faune des Canaries comprenant 254 espèces, M. Mabille a dû compulser 109 volumes. Pour sa revision des Stellérides comprenant 445 espèces, M. Ed. Perrier a dû compulser 160 volumes.

Avec le personnel actuel il ne faudra pas compter moins de quinze à vingt ans pour mettre complètement à jour la publication du catalogue, et à ce moment faudra-t-il encore publier de nombreux suppléments aux parties parues.

6° Quelle serait l'étendue du volume que présenterait le catalogue méthodique et descriptif des collections?

Pour le seul service de la Malacologie, il ne faudrait pas moins de quarante volumes in-4° de 500 pages chacune, les dix parties parues, comprenant environ 300 espèces, comprennent déjà plus de 1500 pages d'impression in-4°, et ne représentent pas certainement le huitième de ce qui reste à faire,

7° La collection est-elle tout entière classée dans les galeries, armoires et vitrines? Sinon, que reste-t-il à classer?

Toute la collection est classée méthodiquement et disposée avec étiquettes indiquant la localité et le nom du donateur, s'il y a lieu, l'époque de l'entrée au Museum, dans les armoires et les vitrines.

Les armoires et vitrines des galeries étant absolument pleines, il a fallu conserver tout ce qui est entré depuis 1876 et une partie des collections antérieures dans les armoires et vitrines du laboratoire. Mais tous les objets y sont classés, préparés et conservés comme ils le seraient aux galeries, prêts à être intercalés le jour où il sera pris possession des galeries actuellement en construction. Quant à la détermination rigoureuse des espèces, nous avons déjà dit qu'en raison de l'insuffisance numérique du personnel elle ne pouvait être complète avant quinze ou vingt ans.

Le professeur de Zoologie,

E. PERRIER.

BOTANIQUE (ORGANOGRAPHIE ET PHYSIOLOGIE VÉGÉTALE)

Les collections rattachées à cette chaire comprennent :

1° Les plantes fossiles;
2° Les cryptogames;
3° Les bois.

Voici pour chacune de ces collections la réponse aux questions posées dans la lettre ministérielle, concernant l'*inventaire d'entrée*, le *catalogue* et le *placement de la collection*.

1° Plantes fossiles.

Inventaire d'entrée. — L'inventaire d'entrée est au courant.

Catalogue. — Il existe un catalogue (2 vol, in-folio, comprenant 750 pages). Les échantillons déterminés y sont inscrits avec le numéro d'ordre, les noms de genre et d'espèce, l'indication du niveau géologique auquel ils appartiennent et de la couche où ils ont été trouvés, la localité, le nom du donateur ou la mention de l'achat.

Ce catalogue est au courant.

Placement de la collection. — Tous les échantillons sont placés soit dans les vitrines et tiroirs de la galerie publique, où ils forment deux séries classées, l'une par familles, l'autre par étages, soit dans les tiroirs de réserve du laboratoire adjacent.

2° Cryptogames.

Inventaire d'entrée. — L'inventaire d'entrée est au courant.

Catalogue. — Cette collection étant presque exclusivement un herbier, ne donne pas lieu à un catalogue descriptif.

Placement de la collection. — L'herbier des Cryptogames est actuellement en voie de rangement. Ce rangement, terminé, tous les paquets se trouveront placés méthodiquement dans des casiers. La plupart de ces casiers devront être disposés, faute de place, à la galerie, dans un local provisoire où ils seront rendus facilement accessibles aux travailleurs.

3° Bois.

Inventaire d'entrée. — L'inventaire d'entrée est au courant (2 volumes in-folio, comprenant 7651 espèces).

Catalogue. — Il existe un catalogue méthodique (1 volume in-folio, comprenant 3851 espèces), mais ce catalogue a dû être arrêté en 1850, faute de place dans les armoires et tiroirs pour disposer les nouveaux échantillons.

Placement de la collection. — Depuis 1850 le service a reçu plus de 4000 bois, qui ont dû être empilés à mesure dans deux magasins. L'un de ces magasins est dans le laboratoire qu'il encombre; l'autre est une écurie, située dans un terrain vague adjacent. Ces échantillons hors place, proviennent des dons en masse faits au Museum, à la suite des expositions universelles de 1855, 1867 et 1878.

Le professeur de Botanique,
Ph. van Tieghem.

BOTANIQUE (CLASSIFICATIONS ET FAMILLES NATURELLES)

Inventaire. — Le registre d'entrée des collections est au courant.

Ce registre comprend deux volumes, dont le premier a été commencé en janvier 1833. Il n'y a pas eu de lacunes. Les collections sont inscrites le jour même de leur arrivée. On indique le nombre des objets, leur nature, le pays d'où ils proviennent, ainsi que le nom du donateur, du voyageur qui les a recueillis ou du musée qui les envoie en échange.

Quant aux noms des objets, souvent ils ne peuvent être inscrits à l'entrée par la raison qu'on ne les connaît qu'à la suite d'études parfois assez longues.

Pour obvier à cet inconvénient, depuis un certain nombre d'années on dresse des catalogues spéciaux et nominatifs au fur et à mesure des déterminations pour toutes les collections (surtout pour les herbiers) dont les échantillons ont été, suivant l'usage actuel, numérotés par les collecteurs. Nous avons déjà soixante-dix de ces catalogues, on y travaille tous les jours, et leur nombre augmentera rapidement.

L'herbier général du Museum est complété par une importante collection de fruits. Cette collection a son catalogue sur lequel les fruits sont inscrits avec un numéro spécial dès qu'ils sont déterminés. On le tient au courant pour les objets récemment reçus, mais nous avons remarqué qu'un certain nombre de fruits anciennement entrés n'y figurent pas. Nous les y porterons à mesure qu'avance la revision commencée de la collection des fruits.

Catalogues. — Les herbiers historiques : l'herbier de Tournefort et celui de Jussieu, ont chacun un catalogue complet avec numéros se rapportant aux échantillons.

Le catalogue de l'herbier de Chine, du R. P. d'Incarville, qui est court, a été imprimé dans les *Bulletins de la Société botanique de France*. Il y a aussi des catalogues méthodiques de l'herbier d'Abyssinie, de celui de la Guyane et de celui de l'Amérique du Nord, donné par M. Durand.

L'herbier général n'a pas de catalogue méthodique pour les espèces. En réalité, il en a un pour les genres, et ce catalogue n'est autre que la table du *Genera Plantarum* d'Endlicher. Dans cette table chaque nom de genre est suivi d'un numéro qui a été reporté sur les étiquettes génériques de l'herbier. La recherche d'un genre est donc presque toujours très simple. Pour la recherche des espèces, nous pourrions imiter les gros registres usités à Kew ; mais je pense avoir trouvé un procédé plus simple et plus rapide : c'est un système de fiches adhérentes aux feuilles de l'herbier et saillantes ; chacune porte le nom d'une espèce, et sa couleur est différente suivant que l'espèce habite l'Europe, l'Asie, l'Afrique, l'Amérique ou l'Océanie. Avec ce procédé, on peut travailler aussi facilement à une flore qu'à une monographie, et il suffit, dans un genre, de feuilleter les fiches de la couleur correspondant à la patrie de l'espèce que l'on cherche pour trouver celle-ci immédiatement.

Cet arrangement, que nous avons commencé en 1880, est actuellement appliqué à plus de 10000 espèces de l'herbier général. Il est vrai que l'herbier en renferme bien probablement au delà de 100000 ; mais nous ne reculons pas devant ce travail, en raison de son utilité. Avec les ressources dont je dispose aujourd'hui, c'est-à-dire avec le concours des deux botanistes auxiliaires que nous a procurés la sollicitude éclairée de M. le ministre, j'estime que l'arran-

gement dont je parle pourra être fait en cinq ans en même temps que l'achè-
vement des déterminations, et que l'intercalation des matériaux qui se sont
accumulés peu à peu, par suite de la disproportion entre le chiffre des entrées
(14 800 échantillons par an en moyenne) et le nombre des employés chargés de
préparer et classer les collections.

J'ai dressé avec le concours de mon aide-naturaliste, M. Poisson, le catalogue
méthodique d'une partie de la collection de Botanique appliquée (fibres,
textiles, etc.).

Cette partie comprend environ 1000 échantillons. Le catalogue de l'autre
partie (droguerie) reste à faire ; j'estime qu'il exigera au moins une année
d'un travail ininterrompu.

J'avoue que la demande relative à un catalogue descriptif me cause quelque
étonnement. Ce catalogue serait un immense ouvrage qui comprendrait la description de la majeure partie du règne végétal.

Vu la nécessité de citer tous les échantillons, il aurait plus d'étendue que le
Prodromus systematis naturalis regni vegetalis, publié par trois générations,
de De Candolle, et l'*Enumeratio plantarum* de Kunth réunis. Il faudrait pour
l'exécution une dizaine de personnes et probablement un demi-siècle.

Néanmoins, nous pourrions l'entreprendre par monographies séparées et
en réclamant le concours de nos élèves les moins avancés, si M. le ministre
voulait bien assurer la publication de ces fascicules.

Classement des collections. — Tous les casiers destinés aux herbiers sont
pleins depuis longtemps, et il n'y a plus de place pour en mettre de nouveaux.
On ne peut plus donner d'extension à l'herbier général, et cependant il est
urgent d'y continuer les intercalations et d'y faire entrer un bon nombre d'herbiers de régions que nous n'avons pas d'intérêt à garder à part, et dont la mul-
tiplicité complique beaucoup les recherches.

Dans la collection des fruits, les bocaux sont sur trois ou quatre rangs, et il
y en a en outre un bon nombre d'autres qui ne peuvent entrer dans les vitrines
et qu'on a dû laisser sur des planches et dans des placards.

Dans la collection des produits végétaux, l'entassement est tel qu'une partie
des objets déjà classés a dû, faute de vitrines, être réunie par familles,
genres et espèces, en paquets ficelés déposés sur des tréteanx.

Partout le manque de place entrave le classement et les études. De nouvelles
galeries de botanique sont de la plus urgente nécessité. Nous n'avons nulle-
ment besoin d'un monument coûteux ; il suffirait d'une construction très
simple, vaste et commode, pour laquelle on profiterait de toutes les données
de l'expérience.

Le professeur de Botanique,

E. BUREAU.

CULTURE

Inventaire. — Il y a deux inventaires d'entrée : un inventaire général tenu par le jardinier en chef, et un inventaire spécial pour les plantes de serres tenu par le chef des serres.

L'inventaire d'entrée général se compose d'un brouillon sur lequel sont inscrits l'origine de chaque envoi reçu et le nombre des plantes, et d'un registre au net, tenu avec grand soin, sur lequel les espèces sont inscrites nominativement. Le premier est au courant ; le second, qui est très détaillé, n'est pas tout à fait à jour, mais il faudra peu de temps pour l'y mettre.

L'inventaire général d'entrée a été commencé en 1829, l'inventaire d'entrée des serres en 1843.

Il y a aussi un inventaire des serres, commencé en 1829 et tenu au courant depuis ce temps.

Catalogue. — Il existe un catalogue méthodique, comprenant toutes les plantes cultivées au Museum, avec l'indication de leur patrie et des principaux livres où on les trouve décrites. Ce travail considérable, fait sous l'inspiration de M. Brongniart par M. Verlot, chef de l'École de botanique, est entièrement rédigé, pour la partie qui s'étend des Cryptogames vasculaires inclusivement jusqu'à la fin des Composées, c'est-à-dire pour les deux cinquièmes environ. Le manuscrit est préparé pour l'impression et nous formons les vœux les plus vifs pour que M. le ministre puisse assurer la publication de cet ouvrage intitulé : *Catalogus Plantarum Horti Parisiensis*. Il formera deux volumes in-8°, de 500 à 600 pages chacun.

Quant au catalogue descriptif, comme il y a au Museum environ 25 000 espèces cultivées, ce serait un ouvrage qui comprendrait peut-être dix volumes in-8°, et qui serait si coûteux qu'on n'a pu y songer. Un tel Catalogue n'existe dans aucun Jardin botanique connu.

Outre le catalogue général dont nous venons de parler, il y a au Museum un certain nombre de catalogues méthodiques non destinés à l'impression, savoir :

Le catalogue de l'École de botanique,

Le catalogue des serres chaudes et tempérées,

Le catalogue de l'Orangerie,

Le catalogue de l'*Arboretum* (École des arbres et arbustes d'ornement),

Le catalogue des arbres fruitiers,

Le catalogue des plantes économiques et officinales,

Le catalogue des Rosiers (1100 variétés).

Il faut joindre plusieurs catalogues qui, pour la facilité du service, ont dû être mis dans un ordre particulier, savoir :

Le catalogue des pépinières, qui est par ordre alphabétique ;

Le catalogue des plantes d'ornement et le catalogue des légumes, qui sont suivant l'ordre des plates-bandes.

Ces catalogues sont en général tenus par le chef de culture chargé de la collection correspondante. Tous sont mis au courant à mesure des entrées.

Classement de la collection. — Le classement de l'École de botanique et de l'École des arbres et arbrisseaux est aussi régulier qu'il le serait dans un herbier. Ces deux écoles sont disposées dans l'ordre de la classification naturelle.

Les plantes des serres et de l'orangerie ont été, ce printemps, au moment de leur sortie, rapprochées par familles et par genres, autant que cela a été possible.

Les plantes économiques, qui occupent un carré du côté du pont d'Austerlitz, sont classées d'après leurs usages :

La collection des arbres fruitiers est classée par genres.

La collection des Rosiers par espèces et par races.

Les plantes d'ornement, les légumes, les pépinières, en raison des nécessités de la culture et surtout des assolements, n'ont pu être classés ; mais les catalogues ou les notes prises au moment de la plantation, indiquent où trouver chaque espèce ou variété.

Le professeur de Botanique chargé de la Culture,

Ed. Bureau.

PALÉONTOLOGIE

Inventaire. — L'inventaire d'entrée des collections du laboratoire de Paléontologie est au courant et est fait en détail. Il y avait autrefois dans le laboratoire d'Anatomie comparée, une multitude d'échantillons fossiles ; on transporte en ce moment ces échantillons dans le laboratoire de Paléontologie ; nous trouvons parmi eux un certain nombre d'objets qui ne sont pas déterminés ou même qui sont encore incomplètement tirés de la pierre où ils étaient engagés. Nous nous occuperons activement de les mettre en état et nous les classerons suivant leur âge géologique. C'est là un travail considérable ; mais grâce au nouveau préparateur que M. le ministre a bien voulu adjoindre à notre service, nous pensons être en mesure de l'accomplir.

Catalogues. — La plupart des pièces importantes de vertébrés fossiles ont été décrites et figurées dans les ouvrages des professeurs du Museum. La collection principale des invertébrés est celle de d'Orbigny, qui a été acquise par l'Etat ; l'ouvrage en trois volumes, intitulé : *Prodrome de paléontologie*, sert de catalogue scientifique pour cette collection, car il donne une indication spéciale de toutes les espèces qui en font partie. On verra dans les lignes suivantes qu'il serait prématuré d'imprimer les catalogues des collections paléontologiques.

Classement de la collection. — Il y a peu de temps encore, le professeur de Paléontologie n'avait l'administration d'aucune collection des galeries publiques. Par une décision de M. le ministre de l'instruction publique, en date du 20 décembre 1879, toutes les collections de fossiles dépendant jusqu'alors de la chaire d'anatomie comparée, sont remises au professeur de paléontologie. C'est là un service considérable rendu à la science, car c'est en réunissant ensemble les êtres fossiles et en les classant suivant l'ordre de leur apparition dans les âges géologiques qu'on parviendra à bien comprendre l'histoire des origines et des développements de la vie à la surface du globe. Nous avons la confiance que bientôt sur l'emplacement des anciennes galeries de Zoologie, on pourra élever une galerie de Paléontologie, comme il y en a déjà dans la plupart des autres pays.

Actuellement une partie des fossiles est dans la galerie de Minéralogie, une autre partie dans la galerie d'Anatomie, une autre dans les laboratoires. Ces matériaux, accumulés depuis les recherches de Cuvier, deviennent si nombreux que nous en sommes encombrés ; par suite de l'abondance et de la dissémination des échantillons, il y a une impossibilité matérielle à disposer actuellement les fossiles suivant leur âge géologique, et dès lors on ne peut en dresser un catalogue qui soit intéressant au point de vue scientifique.

En attendant que la construction d'une galerie de Paléontologie permette au public de juger de l'importance de nos collections, nous faisons nos efforts pour que les fossiles accumulés dans nos laboratoires soient mis à la disposition des travailleurs. Une grande amélioration a été réalisée récemment pour le service des Vertébrés fossiles, par la construction d'une annexe que M. le ministre a ordonnée. Pour le service des Vertébrés fossiles, nous sommes encore dans un très grand embarras ; nous ne savons plus où placer nos coquilles fossiles qui sont d'une nécessité absolue pour les déterminations géologiques. Il serait urgent d'adjoindre une ou deux pièces aux salles de notre laboratoire qui renferment des coquilles fossiles, on rendrait ainsi un important service aux géologues, car c'est seulement dans notre laboratoire qu'ils trouveront des séries de fossiles classées géologiquement.

En outre, il serait désirable que dans la galerie publique d'Anatomie, on pût mettre ensemble les fossiles qui en ce moment sont disséminés au milieu des animaux vivants.

Le professeur de Paléontologie,

A. GAUDRY.

GÉOLOGIE

Inventaire. — L'inventaire d'entrée des collections de géologie est parfaitement au courant. Il est fait avec tout le détail qu'ont permis d'y introduire les renseignements joints aux échantillons par leurs donateurs.

Catalogue. — Pour la géologie, sauf en ce qui concerne la collection systématique des roches et la collection des météorites, décrites chacune dans une brochure imprimée, on n'a pas fait de catalogue descriptif et méthodique. En effet, les suites géographiques restent constamment ouvertes et reçoivent sans cesse des accroissements nouveaux; à peine rédigée, leur description serait déjà incomplète. Quant à son impression, elle constituerait une entreprise considérable et dont les frais seraient évidemment hors de proportion avec son intérêt scientifique; abrégée, elle n'aurait plus qu'un intérêt fort amoindri.

Classement des collections. — D'ailleurs, la collection distribuée dans les galeries, armoires et vitrines, se compose d'un très grand nombre de suites tout à fait distinctes les unes des autres, et dont chacune est parfaitement classée, numérotée et étiquetée.

Le professeur de Géologie,

A. Daubrée.

CHAIRE DE MINÉRALOGIE

1° L'inventaire d'entrée est au courant. C'est un catalogue sommaire sans détails. Il été commencé en 1864, sur l'ordre de l'administration; il n'avait pas été regardé comme nécessaire jusqu'à cette époque. Chaque échantillon provenant, soit de dons, soit d'acquisitions, reçoit, à son entrée, un numéro indélébile indiquant le millésime de l'année et l'ordre d'inscription.

2° Le catalogue descriptif de la collection est achevé; il n'est pas méthodique; les objets y sont inscrits avec leur détermination spécifique au fur et à mesure qu'ils entrent dans la collection; les déterminations ont toujours été très succinctes. Si on l'imprimait tel quel, tout succinct qu'il est, il fournirait la matière de dix volumes environ : pour établir un catalogue méthodique, plusieurs années de travail seraient nécessaires, ainsi qu'un laboratoire et un personnel se consacrant exclusivement aux déterminations cristallographiques, optiques et chimiques. Un pareil travail présenterait un grand intérêt scientifique ; mais dans l'état actuel, il est absolument impossible.

3° La collection est classée suivant un ordre scientifique dans les galeries, armoires, vitrines, sauf un certain nombre d'échantillons qui n'ont pu y trouver place, et qu'on a emmagasinés provisoirement dans le corridor, qui passe pour un laboratoire. Quelques échantillons de grandes dimensions ont été mis dans un sous-sol, faute de place, une partie de la galerie de Minéralogie étant occupée par les grandes pièces paléontologiques qui appartiennent au professeur et au laboratoire de Paléontotogie. Chaque année, les échantillons de minéraux que l'exiguité du budget consacré aux achats permet de se procurer viennent remplir les vides, malheureusement trop nombreux, de la collection, ou remplacer ceux qui sont mal caractérisés. Ces échantillons imparfaits vont alors prendre place dans des tiroirs laissés en beaucoup trop petit nombre à la disposition du professeur de Minéralogie par les anciennes collections de Géologie, très encombrantes de leur nature.

Le professeur de Minéralogie,

DES CLOIZEAUX.

BOURLOTON. — Imprimeries réunies, **A**, 2, rue Mignon.